心理学实验室

世界上最著名的30个心理学实验

李娟娟◎著

PSYCHOLOGY LAB

THE 30 MOST FAMOUS PSYCHOLOGICAL EXPERIMENTS IN THE WORLD

中国法制出版社
CHINA LEGAL PUBLISHING HOUSE

前言

PREFACE

科学心理学的历史就是心理实验的历史，心理学家们投入无数智慧与心血，精心设计的心理学实验推动了心理学的发展和文明的进步，加深了我们对自身和人类社会的了解。作为一名普通读者，了解心理学，首先就要了解这些心理学实验。这些心理学实验远远不是我们想象的那么枯燥乏味，反而是匠心独运、妙趣横生。它们会引导我们走进一个引人入胜的心理学世界。

如果你觉得心理学家都是古板的老学究，那就大错特错了！罗森汉的“假病人”实验堪称“恶作剧”中的经典，他把精神病院的医生们捉弄得晕头转向，把精神病学界搅了个底朝天，也改变了精神病学的历史。

在这本书里，还有很多匪夷所思的问题等着你去探索：

我们能预知未来吗？我们的记忆可靠吗？

为什么大家都冷漠围观，却不见义勇为？真的是世风日下、人心不古吗？

如果你看到的世界是上下左右完全颠倒的，这日子还有法过吗？

怎样才能让一个人改变他的看法？较多的钱还是较少的钱更能收买他？

如果让你什么也看不到，什么也听不到，什么也摸不到，会是一种什么样的感觉？

经常为多梦而苦恼的你想没想过，如果做梦的时候总是被人叫醒，结果会怎样？

物体远看小、近看大似乎是一种常识，但有没有人不具备这种常识呢？

我们常说“有奶便是娘”，心理学家用实验告诉我们：亲密接触比奶水更重要！

目录

CONTENTS

看守与犯人“假戏真做”
——斯坦福模拟监狱实验

经验说：人是有理性的、讲道德的，所以有好人、坏人、正常人和疯子。

实验说：一个正常人在环境的影响下也可能变成冷酷无情的虐待狂。

斯坦福大学心理学教授津巴多在20世纪70年代初进行了一次模拟监狱实验，以探讨环境对人的观念和行为的影响。但实验很快失控，分别扮演看守和囚犯的被试迷失在自己的角色中，敌视、挑衅、虐待、惩罚充斥在这座模拟监狱中。后来，实验在津巴多女友的强烈反对下半途而废，但实验的目的已经达到——环境可以轻而易举地唤醒人内心的魔鬼。

美国著名心理学家菲利普·津巴多写过一本书《路西法效应——好人是如何变成恶魔的》，在这本书中，津巴多提出了“路西法效应”，主要强调环境对人的善恶的影响。

津巴多的这本书是针对一个心理实验做出的说明。作为美国斯坦福大学的心理学教授，津巴多为了研究社会环境对人的行为究竟会产生何种程度的影响以及社会制度会采用何种方式控制个体的行为，主宰个体人格、价值观念和信念，决定进行一次实验，并且招来了一批自愿参加实验的人，每个人一天的报酬是 15 美元。津巴多一共招聘了 70 名来自美国各地的学生。但是这些学生并不能直接参加实验，需要事先经过一项测试。只有通过这项测试的学生才可以参加实验，因为这项测试可以测明他们心理是否健康、是否有疾病。也就是说，参加这次实验的学生不论是生理上还是心理上都是一个正常人。

最后，津巴多选择了 24 名学生，并且随机地把这些学生分成了两组。其中一组的 9 名学生担任监狱中的囚犯角色，而另一组的 9 名学生则担任看守的角色。此外，还有 6 名候补的学生。津巴多本人则扮演监狱长的角色。为了这项实验能够顺利进行，津巴多还特意把斯坦福大学某栋教学楼的地下室改造成了监狱。那间地下室与真正的监狱十分相似，在这里既没有阳光的照射，也没有钟表来告诉囚犯具体的时间，只有无尽的幽暗与潮湿。

在实验正式开始之前，津巴多也曾对实验的结果进行预测。津巴多认为，在这项实验中应该不会发生什么骇人听闻的事情，虽然参加实验的学生所扮演的角色是对立的，但学生们毕竟是身心健康的正常人。津巴多甚至认为，实验将会在无聊的两个星期内结束。

津巴多为了使这项实验更接近现实，专门让那些扮演囚犯的学生脱掉身上现有的衣服，往他们身上涂上除虱药粉，然后让囚犯们穿上类似女人的连衣裙式样的囚服，而且每个囚犯必须头戴丝袜且不能穿底裤。最重要的是，所有囚犯都没有名字，而是用编号来代替之前的名字，而且囚犯们的手上和脚上都被戴上了铁链子。

扮演看守角色的学生，会被要求穿上警服，戴上黑色且不反光的墨镜以增加其权威感，而且还带着警棍。此外，津巴多告诉看守："你们具有一切真实狱警所拥有的权力，如按照正常程序对囚犯进行裸体搜身等。但是，你们不可以采用暴力的形式来维持监狱内的秩序。你们只要记住，你们需要贴近现实去扮演好看守的角色，你们的使命就是维护监狱的秩序与法律。”但是，津巴多却对扮演囚犯的学生说：“由于你们所扮演的角色是囚犯，所以希望你们有一定的心理准备，在这里你们的部分人权有可能会被剥夺。”

在实验刚刚开始的时候，由于看守和囚犯正在进入自己的角色，所以双方之间的关系比较微妙，显得很不自然。后来，有的囚犯开始变得烦躁起来，他们会撕掉自己囚服上的编号，并且在看守对他们下达命令的时候，把自己锁在牢房中不予理会；有的囚犯甚至会嘲讽、谩骂看守。

这些扮演看守角色的学生，并没有接受过专业的训练，只在电视上或书中看到过监狱看守应该怎么做。所以，在第一次面对囚犯们不遵守纪律的现象时，他们一下子变得手足无措。于是，看守就去向监狱长津巴多请教该怎么做。津巴多只告诉看守说：“这是你们自己应该学会解决的问题，不要忘了，你们的使命就是维护监狱的秩序与法律。”

于是，看守们开始采取一些手段来维护监狱的秩序，当囚犯们不服从命令的时候，给予囚犯惩罚。例如，脱光囚犯的衣服、把囚犯禁闭几个小时、没收囚犯的枕头和被褥、取消囚犯的伙食、强迫囚犯用手去清洗马桶、对囚犯进行一些俯卧撑之类的体罚、剥夺囚犯的睡眠时间、半夜把熟睡中的囚犯突然叫醒清点人数等。

当然，看守们除了惩罚那些不遵守纪律的囚犯外，还会奖励一些服从管理的囚犯。那些表现良好的囚犯不仅不会受到惩罚，还会得到更好的居住条件或伙食。

这些身心正常的看守们很快就进入了自己的角色之中，随着时间的推移甚至变得越来越没有“人性”。有时候，看守的惩罚措施会严重到要津巴多提醒的地步。

在津巴多的预期中，这项实验是要进行两个星期的。但是在实验进行到三十六个小时的时候，一名扮演囚犯的学生突然提出了退出实验的要求，因为他已经被折磨到崩溃的边缘。

不可思议的是，津巴多并没有批准这名囚犯的要求。事实上，津巴多完全可以让这名囚犯退出，毕竟在实验开始之前，他还准备了 6 名候补人员。津巴多的考虑是，如果他准许这名囚犯退出实验，那么会引发更多囚犯的退出欲望，这样一来，津巴多的实验就无法继续下去了。

按理说，津巴多最应该关注的是这名囚犯的精神状态。但是，津巴多像许多监狱电影中的监狱长一样对这名想退出的囚犯说："我希望你能回到监狱中做我们的眼线，向我提供更多监狱中的信息。如果你同意的话，我可以保证监狱的看守不会再折磨你，还会给予你很好的待遇。"

这个率先提出退出实验的囚犯编号为 8612。他之所以第一个崩溃，是因为在第一天的时候，8612 率领囚犯们违反监狱秩序并挑战看守的权威。因此，在看守们接下来的惩罚中，他被看守们"特别照顾"。实验结束后，8612 囚犯对这次实验的感受这样回忆道："我觉得这不是一场模拟的实验、一个模拟的监狱，而是一个由心理学家建立的真实监狱。"但是津巴多的回忆却是："8612 的心理未免太脆弱了，毕竟实验才进行了一天左右的时间，怎么会那么快想要退出实验呢？毕竟我的实验时间是两个星期啊！"

当 8612 重新回到监狱的时候，其他囚犯开始意识到，他们或许不可能退出这个实验了，他们的希望也因此而破灭。但是 8612 囚犯依然没有适应监狱的生活。于是，8612 再一次提出了退出的要求。

那个晚上，监狱的总负责人——并不是津巴多，因为津巴多休息了——津巴多的研究生在值夜班。他只是一个二年级的研究生，虽然他已经注意到 8612 的精神状态十分糟糕，但是他依然不知道是应该允许 8612 离开还是拒绝 8612 的要求。这名研究生是这样回忆的："当 8612 向我提出离开的要求时，正值午夜时分，我不可能去向我的导师报告这一情况，这样会打扰到他的休息。如果我不同意 8612 的要求，或许 8612 会精神崩溃。但是如果我同意 8612 的要求，可能会给这次的实验带来无法估量的严重后果。毕竟这个实验被投入了大量的心血和资金。"

该研究生经过了一番挣扎后，同意让 8612 离开。第二天早上，津巴多来上班了。很快，津巴多就知道了 8612 离开的消息，于是他把值夜班的学生叫来，并质问道：“为什么让 8612 离开，你难道不知道这会对实验造成不良的影响吗？”研究生说出了自己的看法。后来，津巴多自己也想了想，觉得学生的做法是正确的。于是，津巴多就在候选名单中挑选出一名学生，让这名学生在当天下午加入实验中，填补 8612 的空缺。

随着时间的推移，扮演看守的学生越来越陷入自己所扮演的角色中，继续他们惩罚囚犯的游戏，想方设法地惩罚甚至折磨囚犯。在折磨过程中，囚犯与看守之间的敌对情绪越来越严重，但是囚犯们的表现却恰恰相反。在刚刚来到监狱的时候，囚犯们会进行反抗。但是在看守们长时间的折磨下，囚犯们变得越来越顺从，顺从得犹如“行尸走肉”。但是监狱依然没有风平浪静，那个填补 8612 囚犯空缺的新囚犯，由于刚刚进入监狱没多久，反叛意识还很强烈，总是和看守们叫板。为了惩罚反叛者，看守们想出了新的手段，那就是不让囚犯上厕所。这样一来，囚犯的住所就变得臭气熏天，比猪圈的情况还要糟糕。

在糟糕的监狱环境中，有些囚犯开始条件反射式地接受看守们的各种要求。而有的囚犯则疯狂地模仿 8612 的行为，希望可以退出实验。在实验进行到第三、第四和第五天的时候，有两名囚犯被同意退出实验。有一名囚犯，由于监狱长不同意他退出实验，甚至出现了全身出皮疹的症状。于是他被津巴多送进医院接受治疗，也算是间接退出了实验。

当实验进行到第六天的时候，监狱中的所有人渐渐适应并习惯了自己所面临的环境。一切都按照津巴多的预期进行着。那名候补囚犯 416，起初会用绝食来进行反抗，但是经历了暗室幽禁、狱友在看守的鼓励下欺辱他的情况后，他变得越来越孤立与痛苦。所有人都觉得这里的一切很正常。就连 416 也从最初的“这是个精神病院”的观点转变成“这本来就应该是精神病院”。

在实验过程中，津巴多甚至还邀请了许多人来接触这些囚犯。其中，一名真正的监狱长接触了所有的囚犯后，告诉津巴多："这批学生所做出的反应与首次坐牢的囚犯十分相似。"此外，还有二十多名心理学系的学生通过视频观看实验。津巴多甚至还邀请了囚犯的父母或朋友来探监。值得一提的是，其中一位母亲在了解到孩子的现状后，甚至还找到了一名律师，希望通过法律的途径帮助孩子脱离"斯坦福监狱"。后来，这名律师来到了"斯坦福监狱"，并试图和所有囚犯进行沟通。

让人感到不解的是，这一百多个外来探监者，在了解到囚犯的糟糕现状后，并没有提出终止实验的要求，好像在他们的眼中，这些都是理所当然的。而那些扮演看守的学生和甚至已经习惯了的囚犯们也没有想过终止实验。因为他们已经被自己所扮演的角色打上了深深的烙印，他们只能服从并扮演着各自的角色。这场实验是反人性的，甚至可以说这是一场以理性和科学为借口进行的残酷实验。

在实验进行到第六天的时候，津巴多邀请了斯坦福大学心理学专业的一名博士来参观他的实验，也就是津巴多的女友，她对这所监狱的第一印象还不错，因为那个接待她的看守表现得十分友好。

可是到了晚上的时候，津巴多的女友却在这座模拟的监狱中看到了让自己震惊的一幕。看守们戴着黑色的眼镜，拿着警棍，穿着制服，显得十分威严。在惩罚囚犯的时候，看守们不仅十分粗暴，甚至还有些残忍。例如，在囚犯去洗浴的时候，看守会把囚犯用脚镣锁成一列，而且每个囚犯会被强迫戴上头套，视线处于一片黑暗之中。然后，看守们再把囚犯们带进洗浴房。

当津巴多的女友看到这些情景的时候，觉得十分残忍，甚至有一种令人作呕的感觉。但是津巴多却在她耳旁兴奋地喊道："你快来看看，接下来将会发生你从来没有看到过的精彩景象。啊！你看到没有？这场景实在是精彩绝伦。"

在离开实验现场后，津巴多像往常一样问这个外来观察者对整个实验的感觉。津巴多的女友愤怒且恐惧地说道：“如此残酷的场景让我感觉到一种女性置身男权世界的无力感！你难道不觉得自己对那些男孩子做的事情太过分了吗？你在利用实验剥夺他们身为人的权利。”

面对女友的指责，津巴多很吃惊。不过津巴多很快反应过来，并且开始为自己辩解。最终辩解变成了两人的争吵。这是津巴多与女友之间争吵最为激烈、意见分歧最大的一次。津巴多觉得女友不理解自己，而津巴多的女友却觉得自己以后实在无法和津巴多这样一个冷酷的人继续相处下去。

最终，这场激烈的争吵在津巴多的屈服下结束了。他很快结束了这场实验，并且开始反省：“一场模拟的实验场地是如何逐渐变成了一座真正的监狱，甚至一个疯狂折磨人的地方？”在实验中断之后，津巴多感觉到如释重负。而津巴多与女友之间的关系也得到了缓解，两人最终还成了夫妻。

不过这次参观却给津巴多的女友留下了十分深刻的印象。她觉得，这次实验她是作为一个旁观者的角色出现，所以她会挑战这种不合理的现象。但是如果她从一开始就参加了实验，她还会产生这么大的情感触动吗？津巴多的女友觉得，如果自己一开始就参加了这场实验的设计，那么她会和津巴多一样，对这次实验所发生的一切渐渐地适应与习惯，并进入自己的角色，会觉得这一切都是正常的。就像莫罗所说的：“我们每个人都是自身经历的囚徒。”正所谓当局者迷，只有身为旁观者，你才能清醒，才能理性地思考。

但是这次实验，对于那些扮演囚犯的学生来说，并不是一次舒服的打工经验，而是一个无法释怀的噩梦。就像津巴多所说的：“在实验刚开始的时候，看守与囚犯之间没有任何差异。但是当实验进行到一周左右的时候，不论是囚犯还是看守都渐渐进入各自扮演的角色中，他们的差异变得越来越大。”此外，扮演囚犯与看守的学生之间存在着一种无法化解的对立乃至仇恨情绪。在实验结束后，津巴多让扮演看守和囚犯的学生坐在一起，讨论对这次实验的感受，津巴多发现双方之间的讨论最终变成了凶恶的对质与声讨。囚犯们在接受津巴多的访谈与问卷调查时，虽然比面对看守的态度好很多，但是他们依然很怀疑津巴多，并不配合津巴多的工作。因为在囚犯们看来，这个友好的实验者就是那座“监狱”的制造者，根本不可信。

这次实验的总负责人津巴多对这种现象的解释是，人们很容易受到环境的影响而作恶。就像一位德国人所说的：“我们在学习‘二战’历史的时候，老师往往会给我们观看希特勒的演讲。但只是一些片段，而且是最疯狂的片段。所以我们在观看过后，都无法理解当时的德国人为什么会去支持希特勒那样一个怪物。直到我观看了希特勒的演讲全过程后，才真正明白了希特勒的可怕之处。我甚至觉得，今天的德国人未必比当时的德国人更高明。”

在环境的影响下，人们内心的魔鬼会被释放出来，它让那些曾经身心健康、正常的人沉溺于惩罚甚至折磨他人的感觉中；让那些被惩罚的人变得服从，并在内心把仇恨渐渐积累起来，最终不在服从中死亡，就在服从中爆发。

虽然津巴多的这次实验结果十分重要，并为社会心理学作出了巨大的贡献，但是依然颇受人们诟病，因为在这次实验中津巴多没有考虑被试的利益。就好像“二战”中，那些拿活人做医学实验的德国人和日本人一样，看似他们的活体实验为医学作出了“贡献”，但是却严重违反了医学伦理。

菲利普·津巴多是斯坦福大学的心理学教授，担任过美国心理学会会长。在斯坦福监狱实验结束后，津巴多为了探索心理学造福社会的途径，在加利福尼亚州的门洛帕克开办了害羞诊所，专门治疗成人和儿童的害羞问题。

2004 年，津巴多出席军事法庭的审判，为一名阿布格莱布监狱的看守伊万·弗里德里克中士作证。根据津巴多的分析，监狱的环境会给当事人造成无法抗拒的压力，特别是在当事人没得到专业训练和有效监督的情况下。所以，津巴多认为对弗里德里克的虐囚行为应该从轻处罚。津巴多把这次经历写成了一本书，也就是前面提到的《路西法效应——好人是如何变成恶魔的》，探讨阿布格莱布监狱与他早年进行斯坦福监狱实验的关系。

斯坦福监狱实验影响深远，2001 年上映的德国影片《死亡实验》改编自马利奥·乔丹努的小说《黑盒子》，而故事的原型就是斯坦福监狱实验。2010 年上映的美国影片《叛狱风云》则是翻拍自《死亡实验》。在《叛狱风云》中，失业的主角在报纸上偶然发现了一则招聘启事，报酬丰厚，两周就可以获得 14000 美元。主角前去应聘，原来这是一次科学实验，实验的地点是州立监狱，参与实验的人要分别扮演囚犯和看守。大家本以为这是一场好玩的角色扮演游戏。可是，随着实验的展开，一切都发生了改变。

温馨提示

我们都是环境的产物。不同的环境和经历造就了与众不同的你、我、他。斯坦福监狱实验让我们看到环境的塑造力是多么强大，在特定环境的影响下，一个再正常不过的人摇身一变，就成了冷酷无情的魔鬼。如果说这个实验是一部以极端的形式呈现的反面教材，那么，生活中的我们何尝没有过类似的经历。在拥挤的地铁上，我们火气上升，一点小摩擦就会破口大骂，甚至大打出手；在竞争激烈、压力山大的环境下，每个人都变得好斗，对身边的人充满了敌意……

环境塑造了我们，我们也在改变环境。如果你想提高生活的幸福指数，拥有融洽的人际关系，不妨有意识地为自己创造一个温馨、和谐的小环境，而改变环境的第一步就是从自身做起。我们就像生活在一座镜子宫殿里，当你流露出一个充满善意的微笑时，环绕在周围的镜子里，无数个同样的微笑正在回馈给你。

冷酷无情的“盲从”
——米尔格拉姆电击实验

经验说：在任何情况下，人们都会遵循内心的道德。

实验说：某些情况下，服从权威会抵消个人的道德感。

斯坦利·米尔格拉姆是一个著名的心理学家，他和设计斯坦福模拟监狱实验的津巴多是好朋友，而且津巴多设计斯坦福监狱实验的灵感还来源于米尔格拉姆所设计的电击服从实验。米尔格拉姆是一个犹太人，他从小生活在纽约城的贫民区，那是一个充满了罪恶的地方。由于犹太人身份和成长环境的双重影响，米尔格拉姆一直在思考一个问题：“德国为什么会发生大肆屠杀犹太人的行为？”

面对这个问题，大多数人的答案是：“那只是发生在‘二战’时期的德国，是在特定时期特定地区发生的一种非正常现象而已。”可是，米尔格拉姆却继续提问：“如果希特勒要求你去电死一个陌生人，你是否会去做？”大多数人的回答都是：“当然不会，我可不是一个疯子。”这些人的答案并不能让米尔格拉姆满意，最终他决定在实验中找到答案，尝试一下把一些正常人置于一个权威服从的情境中，然后看他会怎么做。于是，一项著名的社会心理学实验诞生了，这项实验在美国耶鲁大学老校区的一间地下室内进行，这间地下室被一堵墙分割成两个房间。

米尔格拉姆认为，在“二战”期间所发生的惨无人道的暴行，不仅仅出现在“二战”时期，可以说贯穿于人类整个历史之中。因为对于人类来说，在特殊的状态下，服从命令或权威的倾向不仅十分强烈，而且根深蒂固，这种服从会使一个人丧失他所具有的基本道德。在心理学领域，理论是很不值钱的，任何人都能发明一种理论。只有当理论经过测试、得到实验支持，并且经过实践的纠正，特别是被证明有用的时候，人们才有可能接受这种理论并且引发社会进步。

在设计这项实验的时候，最让米尔格拉姆头疼的是，他需要引导被试去惩罚另一个人，而且这种惩罚在被试看来还会给对方带来伤害，关键是米尔格拉姆必须保证所有参加实验的人都不能受到伤害。最终，米尔格拉姆决定采用说谎的方式，也就是欺骗被试，掩盖自己设计这次实验的具体内容以及目的。米尔格拉姆坚信被试会相信自己的谎言，因为这项实验是由耶鲁大学发起的，一个著名的大学往往会让人们产生好感与信任。

在实验开始前，米尔格拉姆专门让一批耶鲁大学心理学专业的学生以及同事来预测实验的结果。结果，大多数人都认为当电击会给人带来痛苦时，被试会拒绝服从继续实施电击的命令。

米尔格拉姆在报纸上刊登广告并且寄出许多广告信，向全社会招募被试，以每小时 4.5 美元（1963 年）的报酬吸引人们，而且还保证这个实验总共才进行 1 个小时左右。此外，米尔格拉姆还在广告上写道：这次实验是为了测试学习效果与惩罚时间的关系。

由于报酬丰厚，米尔格拉姆的广告赢得了许多人的青睐，他从中挑选出 40 名被试，这些被试的年龄为 20~50 岁，而且均为男性。此外，米尔格拉姆所挑选的被试涉及社会的各个阶层，其中 15 名是工人，16 名是售货员或商人，另外 9 名是专家。这些被试都是普通人，也就是说他们在心理上都属于正常人的范畴，不是所谓的虐待狂，在其年幼时期就知道这样一个道理——无缘无故地给予他人痛苦是不道德的。

实验开始后，米尔格拉姆告诉所有被试："这是一项关于体罚对于学习行为的作用的实验，你们将扮演教师的角色，而隔壁房间内的被试则扮演学生的角色（事实上，学生这个角色是实验者假冒的）。"接着，米尔格拉姆就让被试看着"学生"被带进隔壁房间，并且被实验者绑在椅子上，然后用电线将电极与隔壁房间的电击装置连接在一起。"学生"面前有 A、B、C、D 四个按钮，用来回答隔壁房间内老师提出的问题。

然后，"教师"会被实验者带入隔壁的房间内，虽然学生和教师之间不能看到彼此，但是却可以听到彼此的声音，并且通过声音相互沟通。有一名被试甚至还被事先告知隔壁扮演学生的参与者患有心脏疾病。接着，教师会得到一个从 15 伏特到 450 伏特的电击控制器，控制器连接着一台发电机。教师手中有一份答案卷，上面列着一些搭配好的单词，教师需要把这些单词教给隔壁的学生。教导的方式就是逐一把这些单词朗读给学生听，朗读完毕后，教师需要进行考试，检验学生的学习成果。由于单词表很长，所以这是一项比较困难的记忆任务，也就是说，这是一个必然要受到惩罚的学习过程。

考试的方式就是每个单词会有四个选项让学生来回答，学生会按下按钮，指出自认为的正确答案。如果学生回答正确，教师就需要继续考试；如果学生回答错误，那么教师就要采用电击的惩罚方式。关键在于，学生每增加一次错误，那么被电击的强度则会提高一次。隔壁学生会根据所受惩罚的强度而表演不同的反应。例如，当电击达到 75 伏特的时候，学生需要做出嘟囔的反应；当电击达到 120 伏特的时候，学生应该出现痛苦喊叫的反应；当电击达到 150 伏特的时候，学生应该说，他实在受不了电击了，他要退出；当电击达到 200 伏特的时候，学生需要大声喊叫："我血管里的血都被冻住了。"当电击达到 300 伏特的时候，学生应该表现出拒绝回答问题的姿态；当电压超过330伏特的时候，学生需要保持沉默。

对于扮演教师角色的被试而言，这里的一切都那么真实，容不得怀疑。他们相信，隔壁的学生每次作答错误会真的遭受电击，而且一次比一次强烈，尽管事实上电击根本不存在。

在实验开始后，有些学生果然出现了错误。但是由于电击强度不高，所以学生并没有出现过激的反应。但是随着电击强度的增加，教师开始听到隔壁学生痛苦的叫喊声。当惩罚的电击强度高达300伏特的时候，隔壁学生不仅有痛苦的叫喊声，还会不停地用头部撞击墙壁，并且拒绝回答问题，要求实验者把他放出去。那个患有心脏病的学生甚至还叫喊道：“我有心脏病，这样下去我会死的。”这个时候，有5个教师提出了疑问，并且拒绝执行电击命令。米尔格拉姆则下达命令：“请继续。”

当电压上升到315伏特至360伏特（极为猛烈的电击）的时候，有8个被试提出疑问，面对这种疑问，权威的象征者米尔格拉姆会用严肃的语气命令道：“实验需要你继续下去，这是绝对必要的。”

当电压上升到375伏特至420伏特（高压危险电击）的时候，有1个被试要求退出，米尔格拉姆说道：“除了继续下去，你们别无选择。”电压达到一定强度之后，隔壁的学生变得沉默起来，虽然没有了痛苦的叫喊，但是也不会回答教师的问题。这个时候，米尔格拉姆会告诉教师们：“保持沉默与回答错误同样需要受到惩罚。”

在整个实验过程中，一共有14个被试拒绝服从米尔格拉姆的命令。也就是说，在40个被试中还有26个被试遵从了米尔格拉姆的命令，采用高压电击的方式惩罚了学生。在服从的过程中，这26个被试都出现了焦虑乃至愤怒的情绪，这说明他们在执行命令的同时承受着巨大的心理压力，这是一种矛盾的心理，也是认知失调，是行为与内在道德观念的不和谐。尽管如此，他们还是选择了服从命令。

例如，有一位商人在刚刚参加实验时，显得十分高兴，似乎觉得能够参加这项实验是一种荣耀。但是当电击惩罚开始后，他变得痛苦不堪，甚至连说话都变得不连贯了，精神处于一种几近崩溃的边缘。当他听到隔壁学生痛苦地撞击墙壁的声音后，他开始用拳头敲击自己的头部，并且痛苦地说道："哦，看在上帝的面子上，让我们结束这种惨无人道的惩罚吧！"但是，他的哀求却换来了米尔格拉姆的严厉命令。这时，他并没有选择抵抗，而是继续服从，尽管这让他很痛苦。

这 26 名被试在米尔格拉姆的引导下完成所有的电压等级后，被米尔格拉姆告知实验结束。但是，所有被试的良心谴责并没有随着实验的结束而消失。米尔格拉姆为了缓解被试的这种焦虑情绪，会亲自告诉被试全部真相，包括他的谎言。但是，这并没有让所有被试的焦虑消失，因为有些被试感觉自己受到了欺骗，被人利用了。

在这项实验完成后，米尔格拉姆让自己的助手对被试进行了访谈，进而了解被试在实验过程中的感受与想法。这项访谈调查显示，有 84% 的被试并不后悔参加这项实验。

在这项实验中，之所以会产生这么明显且出人意料的服从权威的行为，米尔格拉姆认为主要是因为以下几方面的因素：（1）被试参加实验是自愿的，并且还领取薪水，所以有义务配合实验者完成实验，这是一份工作，他们应该对工作负责；（2）关于教师与学生身份的确定完全是个人运气，如果自己不幸抽到了学生，也会受到这样的惩罚；（3）实验者告诉被试，虽然电击会给隔壁的学生带来痛苦，但是并不会危及生命。

之后，米尔格拉姆还进行了拓展实验，目的是研究促进服从行为或限制服从行为的原因。实验结果表明，学生与教师之间的距离对服从行为的影响很大。例如，如果教师既看不见学生也听不到学生的声音的话，那么服从率会高达 93%；如果教师既看得见学生又可以听见学生的声音，那么服从率就会降低至 30%。而之前的实验中，教师是看不见学生但可以听到学生的声音，其服从率居中，是 65%。

实验结束六年后，这项实验的一个被试与米尔格拉姆取得了联系，并且表示对于参加服从实验感到十分幸运，因为当时正值越战时期。那个被试对米尔格拉姆说：“1964 年我参加实验的时候，虽然我感觉自己正在伤害他人，但是并不知道自己这么做的原因。因为对于一个人而言，当他坚持自己的信仰并且服从权威的时候，很少会去思考自己为什么这么做。当我被政府征集入伍的时候，我感觉我会服从权威并且做出一些违背自己良心的事情。所以我拒绝入伍，并且向政府递交了拒绝服兵役的申请，由于政府拒绝批准这个申请，所以我甚至做好了坐牢的准备，因为这是顺从我内心道德的唯一选择。”

在西方国家，有些特立独行的文人，在政府因为参加战争而征收税赋的时候，他会选择拒绝。尽管他会因此而坐牢也在所不惜，理由是，他不能助纣为虐，用自己的钱去杀死一些无辜的人。

后来，米尔格拉姆还专门写了一本关于服从心理的书，甚至还拍了一部与这项实验相关的专题片。这部专题片可以在宾夕法尼亚州立大学的媒体中心找到。

米尔格拉姆的服从实验研究在心理学界引起了巨大的轰动，如今依然被人们奉为经典，甚至有不少心理学专业的人不断重复进行这一实验研究。例如，马里兰大学巴尔的摩州立分校的托马斯·布拉斯博士（同时还是米尔格拉姆传记——《电醒全世界的人》的作者）就重复进行了许多次实验，并且还得出了整合分析的结果：无论实验的时间和地点如何变化，每次实验都有一定比率的被试愿意把电击惩罚增加到致命的伏特数，这个比率是61%~66%。

布拉斯的各种实验研究结果都证明了米尔格拉姆实验结果的准确性，最重要的是，在米尔格拉姆发表他的实验结果后的几十年内，服从率并没有发生什么显著的变化。

为了进一步证明米尔格拉姆的实验结论，布拉斯还专门采访了路易斯安那州监狱中负责执行死刑的警察，了解他们的心理感受，接受采访的一共有 50 名警察。布拉斯认为，当一个人把另一个人置于死地的时候，尽管另一个人恶贯满盈或是这种杀人的行为是完全合法的，但是依然会精神痛苦。可让布拉斯吃惊的是，这些警察并没有出现抑郁症的症状。当布拉斯问及原因时，这些警察纷纷表示，他们会选择依靠宗教信仰或是社会责任来应对这种执行死刑的精神痛苦。因为这是他们的工作，也是上级所下达的命令。不过警察们还表示，尽管他们不会因为执行死刑而痛苦，但是那种执行死刑的情绪体验或感觉并不美好。

由于米尔格拉姆所选择的被试均为男性，所以布拉斯在思考这个实验结果是否也适用于女性，他还专门进行了实验研究。结果证明：男性与女性在服从率上并没有明显的区别。

此外，斯坦福模拟监狱实验的设计者菲利普·津巴多作为米尔格拉姆的好友，也参加了这项实验。据津巴多的回忆，当时那些半路退出实验的被试，也就是那些拒绝施加最高伏特数电击的被试，在没有坚持到实验结束就主动离开了，既没有寻求实验者的同意，也没有到隔壁房间探望学生。

斯坦利·米尔格拉姆，美国著名社会心理学家，曾经在耶鲁大学、哈佛大学、纽约市立大学工作。米尔格拉姆的主要著作有《对权力的服从》、《电视与孤僻行为》（与 R. 肖特兰合著）、《社会生活中的个体》。

米尔格拉姆出生于美国纽约市，毕业于昆斯学院，后来在哈佛大学继续学习深造，于 1960 年在哈佛大学获得哲学博士学位，并且转入耶鲁大学进行学习。1963 年，他回到哈佛大学参加工作，担任哈佛大学社会关系系国际比较研究课题的行政负责人。此外，米尔格拉姆还是美国科学促进会的会员，并于 1965 年获得了科学促进会的社会心理学奖。1972 年，米尔格拉姆成为古根海姆研究机构的一名研究人员，于 1980 年在纽约市立大学担任心理学教授。

一次，米尔格拉姆接受了《美国名人录》的采访，在采访中他谈及个人成功的秘诀：“作为一名社会心理学的研究者，我的观点是，我们应该试图去了解所有的实际感觉，而不是控制它。只有这样，人与人之间才能相互有良好的沟通与了解。”米尔格拉姆的这番话得到了许多人的赞同，因为他所做的服从实验研究就是一个有力的证明。

米尔格拉姆认为，他的服从实验，不仅揭示了人们会因对权威或权力主义的服从，而做出一些对清白无辜的人施加伤害的行为，给那些人带来痛苦，还说明了为什么纳粹党会残害被关押在集中营中的犹太人。

除了著名的权威服从实验外，米尔格拉姆还在哈佛大学进行过一项名为“小世界”的实验，这个实验是在“六度分隔理论”的基础上设计的。所谓“六度分隔理论”是指，世界上所有互不认识的人只需要经过少数中间人就可以建立联系。

米尔格拉姆根据这个概念设计了一个连锁信的实验，目的是证明平均只需要通过六个人，就可以让任何两个互相不认识的美国人彼此发生联系。在选择被试的时候，米尔格拉姆决定在不特定的大众中随机挑选。他选择了内布拉斯加州的奥马哈市，并且随机抽取了160个人，给这160个人寄送包裹，然后请这160个人把包裹转交到马萨诸塞州剑桥市某个指定地点的股票经纪人手里。

米尔格拉姆认为，被试想要完成这项任务，就必须把包裹交给他认为有可能把包裹送往目的地的熟人，当然如果被试正好认识那个人，可以选择亲自送。

尽管其中一个包裹用了不到四天的时间就被送达目的地，但是，让米尔格拉姆有点儿失望的是，只有50个被试参加了实验，而且当包裹被传递到第六个人手上时，只有三个包裹抵达目的地。这个结果是无法证明六度分隔理论的，毕竟只有6%的包裹被送达目的地，这个概率太低了。

后来，米尔格拉姆又进行了两次连锁信实验，但是由于完成任务的被试比率太低，所以实验结果并未发表。不过，米尔格拉姆也获得了意外收获，他在实验中发现有许多看似微小的因素，往往会对连锁信实验的结果产生极大的影响。

当米尔格拉姆尝试让不同种族与不同收入群的被试来参加连锁信实验的时候，实验结果往往会出现巨大的差异。例如，在被试知道接收者种族的情况下，如果接收包裹的人为黑人的话，那么被试送达率为13%；如果接收包裹的人为白人的话，那么被试送达率将上升为33%。

由于实验的结果不尽如人意，所以米尔格拉姆不断地改进实验。多次的实验让米尔格拉姆发现，包裹在人们心目中的价值往往影响着人们否决定把包裹传递到目的地。这一影响因素的发现提高了包裹送达目的地的概率。

温馨提示

人自认是具有自由意志的物种，但事实上人们的行为往往会受到外界的影响。就如同布拉斯所说的米尔格拉姆用这项实验电醒了全世界的人，告诉我们人类的本性中存在服从权威的倾向，即使服从权威的行为会违背人们内心的道德和伦理原则，人们也依然会做出服从权威的行为。

不过也有不少人认为，由于现代人所接受的教育与过去的人们不同，所以当权威命令人们去做一些自己不同意的事情时，人们会做出反抗，体现之一就是民主制度的实施与在全球范围内的推广。而且布拉斯也说："在米尔格拉姆的实验之前，我们不知道自己服从权威的倾向有多大，但是当我们通过他的实验知道了这种倾向的存在以后，那么我们就可以想方设法保证自己抵制这种倾向，以免做出违背道德的行为。"

精神病医生糗大了
——“假病人”实验

经验说：离“精神病”远点。

实验说：精神病病人很可能是被误诊的正常人。

在心理学领域，有一种现象被称为“贴标签效应”，也叫作“暗示效应”。所谓贴标签效应具体是指，当一个人被某个词语、名称贴上标签时，他就会自动进行自我印象管理，从而使自己的言行与所贴的标签相一致。

心理学家认为，贴标签效应之所以会起作用，主要是因为“标签”具有定性导向的作用，这个标签会对当事人的个性意识和自我认同发挥巨大的影响作用。当然，这种导向是中性的，可能会朝着好的方向发展，也有可能会朝着坏的方向发展。当一个人被贴上某种标签后，往往会朝着“标签”所暗示的方向发展。除了会对当事人产生影响外，还会让周围的人以标签的定义去看待当事人。例如，如果一个人被贴上了“精神病病人”的标签，那么不管这个人多么正常，也会被看成精神病病人，即使是最专业的精神病医生和护士也不例外。

这不是假设，而是真实发生过的，是一项著名心理实验所得出的结论。这个假病人的实验与其说是一项心理实验，倒不如说是一场恶作剧，其导演就是著名的心理学家戴维·罗森汉。当然，罗森汉之所以选择做这个实验并不是为了搞什么恶作剧，而是受到了当时存在的一种社会现象的启发。

1972年，美国对越作战达到了一个高潮，因此美国开始在国内大量征兵。当时美国有许多年轻人为了逃避参加战争的厄运就开始装病，以患有精神病为借口逃避征兵，而且罗森汉身边的许多朋友也是这样。这让罗汉森不禁怀疑，伪装成精神病并不困难，那么到底有多容易呢？罗森汉决定做一个实验看看。

罗森汉一共招募了8名被试，其中还包括他自己。这8名被试由3名女性和5名男性组成。其中1名被试是某大学的研究生、1名被试是儿科医生，其余为1名画家、1名家庭主妇、1名精神病学家和3名心理学家。在这3名心理学家中，除了罗森汉自己以外，还有一位著名的心理学家马丁·塞里格曼，也就是著名的习得性无助实验的实施者。

当罗森汉打电话给塞里格曼的时候，塞里格曼很遗憾地表示自己最近很忙，恐怕没有时间来参加这项实验。罗森汉为了争取塞里格曼这个被试，就向塞里格曼陈述了一番自己开展这项实验的创意。塞里格曼一听很有意思，于是推掉一切事务，兴冲冲地参加了。

但是，让塞里格曼没有想到的是，假扮精神病病人是一件很不容易的事情。首先，塞里格曼和所有被试都需要在参加实验的前五天就开始练习。他们需要不洗澡、不刷牙，蓬头垢面地去精神病院。其次，他们还需要进行一项练习，这项练习十分重要，关系到被试的身心健康，那就是学会怎样不吃精神病院护士给的治疗精神病的药物，而且不会被发现。被试首先需要把药物藏到舌头下面，然后趁着护士不注意的时候，把药物丢到马桶里并冲掉。当时的塞里格曼还很年轻，所以假扮精神病病人时十分紧张，有时候会不小心真的把药物吃到肚子里。不过幸运的是，这种药物的副作用不大，否则塞里格曼后来也不会采用电击的方式虐待狗了。

然后，8名被试就约定在同一天把自己送进精神病院，而且8名被试都分散在不同的精神病院里。罗汉森提前看好了12所精神病院，这些精神病院位于美国东海岸和西海岸的五个州。罗汉森交代给所有被试，只要是这12所精神病院中的一所就可以。

此外，所有被试都需要遵守罗汉森所交代的注意事项，被试需要在约定的日期给精神病院打电话。被带入精神病院后，被试需要向精神病医生交代自己的状况，说自己总是可以听到一些“砰砰”的、无意义的声音。除了这个症状之外，假病人的一切表现都和正常人一样，而且提供给医生的信息也都是真实的，当然除了他们的真实姓名和职业。罗汉森之所以让被试刻意以这种无意义的声音为症状，主要是因为当时的精神医学文献中还从未出现过这样的病例。

假病人一旦成功进入精神病院，就要恢复正常，不再表现出任何精神病病人该有的症状，其言行就是正常的状态。在此期间，假病人还需要不断地说服医务工作者让自己出院，因为自己很正常，应该回到正常人的世界中去。在住院期间，假病人需要做好记录，当然这是私下进行的，不能让医务人员发现。但是许多假病人很快就发现，他们完全没有必要偷偷摸摸地做笔记，因为做笔记在医务人员的眼中也是精神病的一个症状。假病人为了让自己尽快从苦海中脱离，还需要尽量配合医务人员的工作，表现得就好像一个模范病人一样。

以罗森汉为例，他选择了宾夕法尼亚州的一所公立精神病院，并且成功地让医生浑然不觉地进入自己的圈套中，医生再三询问罗森汉的幻听症状后，就把罗森汉带入治疗房间内。这时候，罗森汉才慌忙告诉医生，自己再也没有听到过那个声音了。但是为时已晚，医生强行将温度计塞入罗森汉的嘴里，并且将黑色束带套在了他的手臂上。一系列身体检查的结果显示，罗森汉血压正常、脉搏正常、体温正常。尽管如此，医生还是在罗森汉的医疗卡上写下了“偏执型精神分裂症”的诊断结果。

随后，罗森汉在精神病院里疯狂的日子开始了。他需要每天被迫固定三次吞下一些桃红色的治疗精神病的药片。当然大多数情况下，罗森汉都把药片吐掉了，但是偶尔也会因为精神紧张而吞下去。

罗森汉还被要求讲述一些自己生活中所经历的喜悦、满足与失望等情绪体验。罗森汉所讲述的内容都是真实的，而不是为伪装成精神病虚构的。尽管如此，罗森汉还是被贴上了各种各样的标签。例如，医生认为这位 39 岁的白人男性，长期以来对亲密关系存在着矛盾的感受，或是这名男性虽然自称有许多好友，但是言辞间却表现出对友谊的疑惑。罗森汉记笔记的行为也被医生打上“精神分裂症导致的某种偏执行为”的标签。

不过让罗森汉比较意外的是，精神病院的医生和护士虽然没有辨认出罗汉森这个冒牌货，但是精神病院里的真病人却不乏火眼金睛者。真病人有时会对罗森汉说：“你不是疯子！你是记者或编辑，你是来监视医院的！”有的真病人则会对被试说：“你不是我的小伙伴，医院也不能区别真假病人。”有的真病人十分关注假病人的行为，甚至还会亲眼看到假病人丢药片的行为。在实验结束后，罗森汉也从其他被试那里了解到，真病人实际上并不是那么容易被欺骗。经过统计，罗森汉发现，在三个假病人所在的精神病院内，118 个真病人中就有 35 个真病人对被试表示怀疑。

此外，罗森汉还发现精神病院的医务人员通常只关注病人所出现的带有精神病特质的行为，而忽略病人所承受的压力。例如，一名资深的精神病医生会指着一群距离吃午饭时间还有半个小时，就坐在自助餐厅外的病人对年轻的精神病医生说：“看，这种行为属于‘口唇需求’症状的本质特征。”而事实却是，在精神病院这个枯燥的地方，病人除了吃饭之外无事可做。

最让罗森汉苦恼的是，他与医生之间的接触十分有限。实际上，在精神病院里，不论是真病人还是假病人，与医务人员之间的关系都十分古怪，他们之间缺乏基本的人际交流。

罗森汉为了尽快出院，不得不主动通过问普通的问题来与医生交流。

例如，罗森汉会问：“医生，请问我什么时候才能完全康复并出院？”医生会说：“哦，戴维（假名字），你今天的感觉如何？”医生边说边走，完全不等待罗森汉下一步的反应。

在实验结束后，罗森汉还从其他假病人那里得知一个罕见的现象。在精神病院里，一个护士会在满屋子全是男性病人的休息室门前，解开制服的扣子来调整自己的内衣。她之所以这么做，当然不是为了挑逗男性病人，而是因为她根本没有把精神病病人当成真正的人来看待。

在精神病院的日子让罗森汉感到格外苦恼，由于医生的坚持，都让罗森汉开始怀疑自己是否真的患有精神类疾病了。所幸的是，就在这时罗森汉突然被告知，他可以出院了。

出院后的罗森汉立即恢复了实验之前的活力，他开始和散布在各地的被试联系并见面，结果发现所有被试都成功地进入了精神病院。包括罗森汉自己在内，一共有 7 名被试被精神病医生诊断为精神分裂症。而那个唯一幸免的被试则被精神病医生诊断为患有狂躁抑郁型精神病。经统计，8 名被试平均住院治疗时间为 19 天，其中时间最长的为 52 天，最短的为 7 天。

后来，罗森汉把这项实验及其结果写成一份研究报告，发表在赫赫有名的《科学》杂志上，论文的名字就叫作《精神病房里的正常人》。

在这篇论文里，罗森汉尖锐地指出，在精神病院这样的环境中，精神病医生并不能把正常人与精神病病人真正区分开来。因为过于强大的精神病医院外在环境，会让医生在看待精神病患者的时候带着顽固而强大的心理定势，从而会忽略精神病患者的个体性。一旦一个人被送进了精神病医院中，这里的医生通常都会依据病人之前的诊断结果而给病人贴上一个标签，如“精神分裂症”“抑郁症”的标签等。然后，医务人员的一切言行与安排都会围绕着这个标签进行。这都是因偏见与环境对人类行为产生的误导作用而引起的，因为人一旦被贴上某种标签之后，就没有人再去怀疑这个诊断是不是误诊。

罗森汉的研究除了可以提醒精神病医生在确诊过程中要格外小心以外，还使人们认识到给一个人贴上“精神病病人”的标签是多么危险。罗森汉这篇论文的发表直接导致住进精神病院治疗的病人人数的下降。当然，这种现象的出现不单单是因为罗森汉的研究所致，还有一个十分重要的原因，那就是抗精神病药物的发明与广泛应用。这种药物可以减轻许多患者的症状，从而使许多患有轻微精神疾病的患者可以生活在一个相对正常的环境中，有利于其精神恢复健康。

罗森汉的这篇论文一经发表，立刻在精神病学界引起了巨大的轰动，犹如一枚炸弹一样，精神病学的科学性受到了严峻挑战。罗森汉与精神卫生界也因此“结下了梁子”。

一家研究机构的附属精神病院在得知罗森汉的这个实验之后，立刻向罗森汉宣战：“在接下来的三个月内，任由罗森汉派来假病人，我们医院可以非常准确地分辨出来。”而罗森汉也乐于接受这个挑战，他提前通知这家精神病院的医生：“接下来的三个月内，会有一个或多个假病人将到你们的医院中就诊。”

三个月很快过去了，这家精神病院的医生从前来就诊的病人当中找出了 193 名假病人。其中，有 41 名病人被至少一个精神病医生确定为假病人；23 名病人被至少一个精神病专家怀疑是假病人；19 名病人被一个精神病专家和一个精神病医生确认为假病人。结果，罗森汉狡猾地宣布，在这三个月内，他从未派出一个假病人去医院。

这个实验结果说明，当精神病医生改变对前来就诊的患者的看法之后，那么诊断一个人是正常的还是异常的则可能出现反转结果。同时还说明，在任何一种精神疾病的诊断过程中，本身就很容易出现错误，很难得出一个让人信任的诊断结果。

在罗森汉发表《精神病房里的正常人》两年后，一部与此相关的电影出现了。电影的名字叫作《飞越疯人院》，主要讲述了一个人为了逃避监狱里的强制劳动，而伪装成精神病病人并成功地被送进了精神病院的故事。这部电影还获得了奥斯卡奖。

罗森汉在之后的1973年到1975年期间，在12家精神病院里重复了这项实验，并且得到了相似的结果。除了罗森汉本人之外，许多心理学家的实验与研究也得出了与罗森汉相同的结论。这充分说明，尽管精神病医生们有一套十分严格的诊断程序来区分“正常”与“病态”，同时他们也一直在改进自己的诊断方式。但是不论怎样，诊断精神疾病无法像诊断心脏病等生理疾病一样通过客观的指标来确诊。

任职于哥伦比亚大学的精神病医生斯皮策不得不承认，罗汉森的实验一度让精神病学一蹶不振。但是同时也促使精神病学界在诊断过程中，引入更为确切的病理学证据，并且还制定出了更加量化的诊断标准。

不过，斯皮策还是对罗森汉的研究提出了质疑，认为虽然罗森汉所采用的方式表明精神病学界所使用的心理诊断系统是无效的，但是事实并非如此。也就是说，罗森汉的研究并不能说明精神病诊断有问题，毕竟罗森汉所派出的假病人在自述上就存在问题。一个人想要通过说谎来进入精神病院实际上并不困难，因为医生在对其做诊断并且准许其入院接受治疗的时候，是建立在病人陈述的口头报告的基础上。对于精神病医生而言，他们不是为了测谎，而是为患者进行治疗，而且哪个精神病医生会想到居然会有人花费心思，使用欺骗的手段进入精神病院？另外，就算是一名真正的精神病患者，他也不会时时刻刻都处于精神疾病的状态，有时候也会表现得和正常人一样。总而言之，斯皮策认为，罗森汉的研究不能说明精神病学界的诊断无能。

不过，精神病院的医务人员对精神病患者存在着歧视却是毋庸置疑的事实。最新研究发现，如果一个人被贴上了精神病的诊断标签后，除了本人会感到羞辱以外，还会感受到来自许多人的歧视。在这项调查研究中，一共有1300多名精神病病人参与了调查，他们均表示在被确诊为精神病的时候，都会经历耻辱与被歧视。这种侮辱来自各方面，如亲人、朋友、同事和其他普通大众，甚至还会被从事精神病治疗的专业人员所歧视。而且大多数被调查的精神病病人还表示，他们都会隐藏自己的疾病，以免被其他人发现而给自己带来不利的影响。总而言之，被诊断为精神病是一种十分沮丧、痛苦、愤怒和伤自尊的体验。

大卫·罗森汉，美国斯坦福大学心理学教授，因假病人实验而闻名。

温馨提示

罗森汉的实验研究表明了贴标签效应所具有的强大导向作用。其实，这种贴标签效应在现实生活中十分常见，心理学家克劳特还对贴标签效应进行了科学的实验研究。

1973年，克劳特进行了如下实验。克劳特要求被试为慈善事业作出金钱方面的贡献，然后根据被试是否作出捐献，而标上“慈善的”或“不慈善的”的标签（事实上，被试被贴上某种标签是随机的）。当然，还有一些被试作为控制组存在，没有用贴标签的方式。

后来，克劳特再次要求被试对慈善事业作出捐献。这个时候，贴标签开始显示出影响力。那些在第一次捐献中被贴上“慈善的”被试比那些没有贴标签的人要捐得多。而在第一次捐献中被贴上“不慈善的”被试则比那些没有贴标签的人捐得少。

因此在现实生活中，如果我们被贴上了好的标签，那么就要促进自己朝着标签的方向发展。如果标签是消极的，那么我们要尽量避免自己被影响。贴标签效应在教育上显得更重要，父母和老师在对孩子进行教育的时候，一定要避免给孩子贴上不良的标签。

围观者为何这么冷漠
——责任分散效应实验

经验说：突发事件出现时，旁观者越多，当事人越可能得到帮助。

实验说：在突发状况中，旁观者越多，越难以伸出援助之手。

吉娣·格罗维斯是一名28岁的女性，在某酒吧担任经理。1964年3月13日的凌晨，天气有些寒冷和潮湿。下班后的格罗维斯像往常一样开车回家。她首先把自己的红色汽车停在长岛火车站停车场，然后步行走向20英尺外的公寓。她居住在奥斯汀大街的克纽公园，这是一个中产阶级的居民小区，不仅绿树成荫、环境优美，而且交通也很便利。

对于格罗维斯而言，凌晨回家已经是常事，因为酒吧的工作总是需要忙碌到深夜。就在格罗维斯走在林荫小道上的时候，突然有一种不祥的预感，她突然注意到有一个黑影正在迅速地朝她靠近。格罗维斯的第一反应就是跑，她发现在自己奔跑的同时，背后的那个黑影也开始跑，她甚至看清楚了那是一名男子，为此她更加恐惧。

格罗维斯突然想到在奥斯汀大街和莱弗茨大道的街角处有个警察岗亭，她想调转方向去警察岗亭求救。但是太迟了，当格罗维斯刚刚跑到停车场尽头的路灯下时，那名手握凶器的男子突然抓住了格罗维斯，并且拿着刀向她的背后猛刺了几刀，最后格罗维斯惨叫着倒在地上，这个袭击者的名字叫作温斯顿·莫斯雷。

格罗维斯的惨叫声引起了公寓楼里居民的注意，公寓楼里的灯陆续亮了起来。居住在一楼的艾琳·弗罗斯特听到了格罗维斯的叫喊声；二楼的法国姑娘安德烈也听到了格罗维斯的求救声，安德烈甚至还透过窗户向外看去。她似乎看到一名女子躺在人行道上，而旁边的一名男子正俯下身子殴打那名女子。居住在七楼的罗伯特·摩泽尔甚至打开窗户对着下面的街道大喊道："哎，快点放开那个姑娘。"施暴者莫斯雷听到这声叫喊后便匆忙离开了。六楼的居住者克什金夫妇眼看着莫斯雷跑到路边停着的一辆白色汽车旁边，并且迅速上车，将车沿着街区一直往后倒，最终汽车消失在茫茫黑夜里。这时候，克什金想拨打报警电话，但是他的妻子却对他说："有许多居民都看到了，警察局肯定已经接到了不下三十个报警电话。"克什金也觉得妻子说得很有道理，就打消了报警的念头。

出人意料的是，五分钟后，莫斯雷又出现了，他好像在四处寻找着什么，没错，他在寻找受伤的格罗维斯。在莫斯雷消失的五分钟内，格罗维斯挣扎着站起来，并且试图朝着公寓楼走去。但是由于受伤严重且失血过多，格罗维斯晕倒在门厅前的地板上。

而莫斯雷则循着血迹找到了处于昏迷状态的格罗维斯。随后，莫斯雷对格罗维斯实施了强奸，还从她的钱包里拿走了 49 美元。最后又给了格罗维斯几刀，就离开了，整个作案过程长达 35 分钟。

大约在凌晨 3 点 50 分的时候，警察局接到了二楼卡尔·罗斯的报警电话，并且在 3 分钟后赶到了案发现场。当时警察看到格罗维斯躺在一楼的门厅处，衣物散落了一地，早已停止了呼吸，经过检查发现格罗维斯身中 17 刀。

在案发六天后，莫斯雷就被抓获了，他杀害格罗维斯之后还参与了一起入室抢劫案。莫斯雷对于谋杀格罗维斯的事实供认不讳，甚至还主动坦白了之前所犯下的两起谋杀案。虽然莫斯雷的身上背了好几条人命，不过他只是被判终身监禁，关押在纽约北部戒备最森严的监狱里。

这是一起十分普通的谋杀案，在 1964 年这一年内，美国一共发生了 9000 多起谋杀案，仅仅纽约这个城市也有成百上千起谋杀案。莫斯雷犯下的这起杀人案跟其他案件比较起来，的确算不上什么大案子，但是在社会上和心理学界却产生了深远的影响。

这起事件的转折点在一顿午餐中发生了，当时《纽约时报》的编辑罗森塔尔与纽约市警察局局长墨菲共进午餐。吃饭的时候，墨菲无意间闲聊起了发生在克纽公园的案件。墨菲对罗森塔尔说："这个案子很奇怪，当时一共有 38 名目击者，他们是眼睁睁地看着格罗维斯被害，却没有一个人拨打报警电话，如果报警及时的话，格罗维斯也不至于被杀害。"墨菲的话立刻引起了罗森塔尔的注意，身为媒体人，他敏感地意识到这是一个不错的新闻题材。

之后，罗森塔尔就派记者马丁·甘斯伯格前往克纽公园进行深入的调查与采访。3 月 27 日，《纽约时报》上刊登了一篇题为《38 名命案目击者无人报警》的文章。一时间，这起普通的谋杀案成为大新闻，引起了许多人的关注和愤慨。

这篇文章中写道，一位住户说："我们以为那是一对情侣在吵架。"其中，一位女性目击者说她当时十分害怕。还有一位中年女性劝她的丈夫不要卷进与己无关的是非中去。有的目击者甚至尝试从窗户往外看，但是由于室内的灯光太亮，根本看不清楚街道上所发生的事情。还有一位冷漠的目击者这样告诉记者："当时我实在太累了。"总而言之，所有的目击者都有自己不报警的理由。但是，这种行为却造成了一个严重的后果，即一名无辜的女性被杀害，但是 38 名目击者却在 35 分钟内没有任何作为。

这篇文章中还谈及了警察对这起案件的看法，一名警察十分遗憾地表示，如果在格罗维斯第一次被袭击的时候就有人报警，那么她可能不会死。因为最初的几处刀伤并不致命，如果她能够获得及时的救治，可能会挽回生命。

随着媒体对该案中各种细节的揭露，格罗维斯案件在整个美国引起了巨大的轰动。一时间，所有美国人都在探讨这个案件，许多人认为，这么多文明人为什么会在一个弱女子危在旦夕的时候选择袖手旁观呢？难道目击者都是那么冷漠无情吗？

关于格罗维斯案件，一位精神病学专家提出了一种可能，电视负有不可推卸的责任。他说："我们都低估了电视画面对大脑的影响力，这些电视画面会使我们的大脑产生错觉，那些目击者平常一定沉迷于戏剧和电视剧，在看到窗外所发生的事情时，甚至都无法确定外面发生的就是真实发生的事情。"

有些人则把目击者的冷漠无情归结于大都市的繁忙生活，比如，在纽约这个繁华的大都市里，居民并不情愿向一个陌生人提供帮助。耶鲁大学的社会心理学家斯坦利·米尔格拉姆说："在克纽公园所发生的谋杀案可能会变成人们攻击城市生活的一个关键点。对于需要帮助的人来说，城市被描述成麻木不仁、残酷冷漠的地方，在人情世故上，城市远远没有小村镇温馨。"但是，这种说法并不被纽约市市民所接受。

美国许多学者也开始大规模地反思城市生活对人的道德观念所产生的负面影响。有的学者认为，城市会让人与人之间那种曾经亲密无间的状态不复存在，个体与群体之间也会渐渐变得疏离起来。有的教授甚至会说，冷漠完全是一种"地方病"，是城市才拥有的。

就连《纽约时报》的编辑罗森塔尔也撰文附和这种观点："人与人之间的冷漠是大城市的一个显著特征。一个居住在大城市中的人，为了避免被周围上百万人侵扰，唯一的办法就是让自己尽可能地忽略他们。这样一来，一个人对自己的邻居和他们所遭遇的困难将漠不关心，这其实是长期生活在纽约这个大城市中形成的条件反射，其他城市也是如此。”

总而言之，格罗维斯案件让几乎所有学者都变得悲观起来，这些人均认为格罗维斯谋杀案其实就是一种符号，标志着现代城市生活的瓦解。在现代生活中，人们会因为恐惧或自私，而不愿意向其他需要帮助的人伸出援助之手，人道主义的光辉将会随着城市化而完全湮灭，就像 38 名目击者一样，所有人都不愿意多管闲事。

与此同时，格罗维斯案件还激发了心理学家的研究兴趣，他们开始试图寻找阻止人们伸出援助之手的心理因素。在心理学领域中，有人专门研究一种社会现象，即“亲社会行为”。这是一种与格罗维斯案件相反的行为，是一种积极的社会行为，主要包括利他、合作、抵御诱惑以及帮助他人等行为。也就是说，当一个人看到某人需要紧急帮助的时候，决定这个人挺身而出并做出给某人提供帮助的行为会受到许多因素的影响。

纽约大学的社会心理学家约翰·达利和哥伦比亚大学的社会心理学家比勃·拉塔内对格罗维斯案件十分感兴趣，并且决定从旁观者未介入的行为着手研究，试图揭示格罗维斯案件中 38 名目击者的心理因素。达利和拉塔内经过对格罗维斯案件中旁观者（也就是目击者）的反应的分析，得出了一个与众不同的结论。他们认为，目击者之所以没有向格罗维斯伸出援助之手，不是因为城市居民感情的冷漠，也不是因为他们遇到这种突发事件时不知所措，而是因为目击者太多的缘故。当某个突发事件的目击者太多时，反而会降低某个目击者提供帮助的意愿，这是一种“责任分散”的现象。也就是说，当面对突发事件时，旁观者越多，那么人们的心中就会有一种强烈的想法，即认为有人会去帮助他（她），我就不必这样做了。为了验证这一猜想，达利和拉塔内决定采用实验的方式。

达利和拉塔内决定模拟一种与真实突发事件非常相似的实验场景，进而观察被试作为旁观者的干预行为，因为模拟格罗维斯案件中的谋杀场景比较困难。

为了能获得良好的实验效果，达利和拉塔内决定向被试隐瞒这次实验的真实目的。他们从纽约大学选修心理学课程的学生中挑选出 72 名被试，并随机平均分成三个实验小组。达利和拉塔内告诉被试："我们对一些与大学生相关的话题十分感兴趣，想要通过这次实验了解当代大学生是如何在激烈的竞争中适应大学生活、城市环境以及大学生所面临的个人问题。所以我们希望在接下来的实验中，你们可以坦诚地和其他大学生讨论关于自己的问题。当然为了避免面对面的尴尬和不愉快，你们每个人需要单独待在相互隔离的房间内，你们之间的交流工具就是内部通信联络系统。此外，这种通信装置是经过改装的，每次只能允许一名学生讲话，每位学生都有两分钟的讲话时间。"

在实验开始后，达利和拉塔内会分别对不同小组的被试交代不同的事情。他们对第一个小组的被试说："你们只能通过电话与另外一个人交谈。"对第二小组的被试说："你们可以通过电话与另外两个人一起交谈。"对第三小组的被试说："你们可以通过电话与另外五个人一起交谈。"事实上，每个被试都是独自一人，而电话中的其他声音都是录音。

然后，达利和拉塔内设计了一个十分逼真的癫痫发作的场景，然后观察被试对这个突发事件的反应。当被试开始用内部通信电话交流的时候，会听到一名男性在说话。这名男性会告诉被试："我的困难主要来源于学习和适应纽约生活氛围这两方面。其实我还有一个十分尴尬的困难，有时候我压力比较大的时候，会引发严重的癫痫。"这名男子说完后，其他人开始说自己的情况。

当然，不同小组会有不同的情况。例如，第一小组在听完这名男性说话后，就立刻开始讲话，因为只有他们两个人在讲电话。第二小组和第三小组的被试在听完这名男性讲话后，会在讲话之前听到一个或多个学生的讲话。

就在讲话的过程中，突发事件出现了，那名男性的癫痫发作了。所有的被试都会听到这样一段话："我想我需要……如果有人……能给我一点儿帮助的话……因为我现在真的有麻烦……如果有人能帮助我……我将会十分感激……我的癫痫就要发作了……我需要一些帮助……哦……我……要死了……"然后，这名男性就没有声音了。接下来，达利和拉塔内开始等待所有被试的反应，并且记录下被试在听到这名男子的求助后到提供帮助之间所花费的时间。此外，达利和拉塔内还规定了时间限制，每个被试必须在四分钟内做出反应，四分钟后实验将结束。

实验结果发现，在四分钟内，第一组的被试几乎百分之百地向实验者报告了该突发事件；而第二组的被试中只有 85%；第三组的被试中只有 60%。在反应时间上，三个小组也不同。其中第一小组的反应时间最快，在平均不到一分钟的时间内就报告了突发事件；第三小组的反应时间最慢，平均反应时间超过了三分钟。这个结果说明，当人们面对突发事件时，如果有其他人在场，那么挺身而出的概率会大大降低。旁观者越多，人们越难伸出援助之手。此外，时间拖延也会随着旁观人数的增加而增加。这个实验结果足以解释为什么 38 名目击者在面对格罗维斯的遭遇时，选择无动于衷。

在格罗维斯案件和上述实验中，旁观者们都处于一种"隔岸观火"的状态，也就是说他们彼此之间并未发生面对面的交流。如果旁观者能够看到彼此并且可以相互交流的话，那么会不会出现所谓的旁观者效应呢？达利和拉塔内认为这种情况也非常有可能发生。他们决定再设计一个实验证明。

这次实验的被试依然是大学生，并且是被达利和拉塔内"骗"来的，他们告诉被试这次实验是为了讨论城市大学中的一些生活问题。

当被试来到实验地点后，一些被试被单独安排在某个房间内；一些被试则三人一组被安排在某个房间内；一些被试则与两个实验助手（被试并不知情）被安排在一个房间内，然后实验者在发给他们每个人一份调查问卷后就离开了。

几分钟后，房间内开始出现烟雾。这些烟雾是从某个通风口进入房间的，是一种特殊的化学混合物，主要用于实验且不会给被试带来伤害。

起初，烟雾很稀薄，但在几分钟后，烟雾开始变得越来越浓厚，甚至影响到了房间的可视度。在实验中，那个有实验助手掺入的实验组，实验助手起误导的作用，在整个实验过程中，不论烟雾如何浓厚，他们都会表现得若无其事。

在烟雾出现两分钟后，被单独安排的被试中有 55% 向达利和拉塔内报告了房间里有烟雾的情况；而其他两个小组则只有 12% 的被试主动报告有烟雾的情况；当烟雾出现四分钟后，被单独安排的被试中有 75% 向达利和拉塔内报告烟雾越来越浓厚的情况；出人意料的是，其他两个小组的被试居然没有人再前来报告。

在此后的十二年内，达利与拉塔内一共前后进行了十几次不同的实验，但是却得到了相似的实验结果。这些实验都验证了“责任分散效应”（也叫旁观者效应或旁观者介入紧急事态的社会抑制）的存在，即认为在一种紧急的情形下，因为有其他目击者在场，使得旁观者无动于衷。

对于之前学者对格罗维斯案件所做出的道德谴责与城市环境影响的分析，达利与拉塔内通过实验所给出的社会心理学解释更让人们信服，因为他人在场时的确会抑制救助行为的发生。

达利和拉塔内认为，在一个群体中，帮助人的责任会被分散，当旁观者越多的时候，个人感受到的救助责任就会越少。在格罗维斯案件中，格罗维斯之所以没有得到及时的救助，就是因为一共有 38 名目击者听到了格罗维斯的求救声，而且每个目击者都觉得应该由其他人报警，因此自己便没有采取行动的紧迫感。如果仅仅有一个人听到了格罗维斯的求救声，那么这个人一定会及时采取营救的行动，如及时拨打报警电话等，这对他来说是举手之劳。行凶者莫斯雷后来对警察的陈述也说明了旁观者效应：

“虽然当时有人打开窗户呵斥我，但是我一点儿也不在乎。因为我觉得那个人肯定会关上窗户，然后继续睡觉。事实证明，的确如此。”

约翰·达利，美国著名社会心理学家，以研究助人行为而闻名。比勃·拉塔内（Bibb Latane），达利研究责任分散效应时的得力伙伴。

温馨提示

责任分散效应实验只是为了解释某种社会现象，并不是为那些无动于衷的旁观者开脱。责任分散实验除了帮助人们解释令人困惑的行为之外，还可以帮助人们改变这种行为。所以当人们知道责任分散效应的存在后，在面对一些突发事件的时候，即使有许多旁观者在场，也应该及时、积极地做出干预行为，从而避免悲剧的发生。尤其在遇到危急的突发事件时，目击者应该告诫自己，千万不要以为已经有人伸出了援助之手而忽略掉自己应该履行的责任。

此外，责任分散效应还可以应用到团队的管理中。当领导者将一项任务交给某个团队的时候，一定要安排好相关负责人，例如，这儿出问题了找谁？因为如果责任无法具体到某个人身上，就会出现责任分散的现象，从而导致执行力的降低。

心理学家的恶作剧
——罗森塔尔效应实验

经验说：应酬的时候夸奖别人两句是难免的。

实验说：真诚的期待与赞美具有创造奇迹的神奇力量。

在古希腊神话中有这样一则故事，塞浦路斯的国王皮格马利翁是一个著名的雕塑家，他曾经精心创作了一座美丽的女性雕像，并且深深地爱上了雕像，还给雕像起了一个名字——盖拉蒂。后来，皮格马利翁给雕塑穿上美丽的衣服，并且与它亲吻与拥抱，但是得不到丝毫回应。为此，皮格马利翁十分绝望，他决定向神乞求帮助。

于是，皮格马利翁就带着丰盛的祭品来到阿佛洛狄忒的神殿祈祷，希望女神能赐予他一位如同盖拉蒂那样美丽的妻子。皮格马利翁的真诚感动了阿佛洛狄忒女神，女神决定帮助他。

当皮格马利翁回到家中后直接走到雕像面前，并且深情地凝望着雕像。这个时候，皮格马利翁发现雕像发生了变化，它的脸蛋开始变得红润起来，眼睛也开始有神采，嘴巴开始展露迷人的微笑。盖拉蒂拥有了生命，然后她走向了皮格马利翁并且深情地与他相视。最终，皮格马利翁和盖拉蒂结为夫妻。

皮格马利翁的故事虽然在现实生活中不可能出现，它却告诉人们，赞美与期望或许可以创造奇迹。心理学家罗森塔尔为了证明期待的巨大作用，设计了一项实验。在实验中，一些学生和小白鼠共同成为被试。在实验开始前，罗森塔尔把所有学生随机地平均分成两组。罗森塔尔会对第一组的学生说："你们需要采用特殊的方式来喂养一些拥有较高智力水平的小白鼠，我们暂且把这种小白鼠叫作'聪明鼠'，它们可以以最快的速度学会走迷宫。"罗森塔尔会对第二组的学生说："你们所拥有的小白鼠属于一种很普通的品种，在学习走迷宫时可能会显得比较笨拙，会花费比较长的时间。"事实上，所有学生所得到的小白鼠都是实验室内所使用的普通白鼠，由实验者随机发放。

然后，学生就开始在罗森塔尔的指导下训练自己的小白鼠学习各种技能，包括走迷宫在内。在实验结束后，罗森塔尔会调查所有被试对自己所饲养的小白鼠学习能力的看法。第一组的学生普遍认为，自己的小白鼠在学习各项技能时所花费的时间比较少，因为小白鼠很聪明，一教就会。第二组学生对自己的小白鼠却持相反的态度，他们觉得自己的小白鼠实在是太愚蠢了。之所以会出现这种结果，是因为第一组学生在训练小白鼠的时候无意识地加入了自己的期待。此外，这项实验结果还说明了一个问题，那就是实验者的期望效应对科学研究的客观性存在一定的威胁。

罗森塔尔认为，这种期待效应除了会在实验室内出现外，在现实生活中也十分常见。例如，在学校教育中，教师的期望会对学生产生深远的影响。如果教师能对学生的某些潜能产生期望，那么这种期望就会使教师无意识地给予学生一定的鼓励和鞭策，最终会使学生朝着老师所期望的方向发展，因而学生变得更加出色。关于这一点，罗森塔尔开展了相关的实验，在这项实验中，橡树学校的教师与学生成为被试。

罗森塔尔与橡树学校取得了联系，并且建立了合作关系。接着他在学校工作人员的配合下，对一至六年级的所有学生进行 IQ 测验，这是一个一般能力测验，属于非文字测验，学生所得分数的高低与之前所接受的阅读、写作以及算术训练没有太大的关系。

但是，罗森塔尔却对学校的教师说，学生所接受的测试是“哈佛应变能力测试”，根据这项测试得出的成绩会预测出学生未来是否会在学术上做出成就。总而言之，罗森塔尔必须让学校教师相信，在这项测验中获得高分的学生，其学习能力会在未来半年中有所提高。

在测验结束后，每个班级的班主任都会得到一份名单，这是一份测验得分最高的前 20% 的学生名单，从而使教师相信这些学生具有不同寻常的学习能力。但事实是，这份名单是罗森塔尔从学生名单中随机抽取的。

在发放完名单后，罗森塔尔就离开学校了。半年之后，罗森塔尔重新出现在学校里，他这次来是为了验收自己的实验成果。同样，这一次罗森塔尔依然对所有学生进行了相同的 IQ 测试，并且计算出每个学生 IQ 的变化程度。

这次的实验，罗森塔尔得出了一个与之前实验不太一样的结果。统计发现，因为教师期待而产生的差异在一年级和二年级这样的低年级比较明显，在五年级和六年级这样的高年级则不是那么明显。

对于这种现象，罗森塔尔给出了一定的解释。首先，低年级的儿童比高年级的儿童具有更强的可塑性，因此在半年内往往会出现很大的变化。其次，由于一年级和二年级的儿童入学时间不长，所以还没有在教师心中形成牢固的印象，教师对每位学生所拥有的学习能力也没有深入的了解。这个时候，教师比较倾向于采纳罗森塔尔所给出的测验结果，从而对名单上的学生寄予了很高的期望。

罗森塔尔，美国著名社会心理学家，在加利福尼亚大学担任心理学教授，主要研究有关人际期望的现象，即一个人对另一个人某种行为的期望本身会促使该期望变成现实。同时，罗森塔尔对非语言交流的现象也十分感兴趣。

温馨提示

罗森塔尔用实验告诉我们，人的赞美、信任和期待具有一种能改变人行为的能量。当一个人得到了另一个人的信任和赞美时，就会感觉自己被支持，从而使自我价值感得到增强，变得更加自信，朝着对方期待的方向去努力，避免让对方失望。罗森塔尔效应不仅可以应用在教育中，也可以运用在管理工作中。

“得寸之后才能进尺”
——登门槛效应实验

经验说：向他人提无理要求会被拒绝。

实验说：提大要求前先提一个小要求，更容易被接受。

在下着瓢泼大雨的一天，有个乞丐被淋湿了，无奈之下乞丐随机敲开了约翰太太的家门。约翰太太打开门后看见了一个被雨淋湿的乞丐，就打算关上门。这个时候，乞丐请求道：“夫人，我只有一个小小的要求，请您让我进去避避雨，雨停了我就走。”

这个简单的要求约翰太太是无法拒绝的，不然就显得她太没有人情味了。于是，约翰太太就让乞丐进入家中，并且还主动为乞丐提供了一把椅子。乞丐休息了一会儿后对约翰太太说：“我的衣服都被雨淋湿了，能不能请您给我点燃炉火，让我把衣服烘干。”

听到这个要求后，约翰太太也答应了，因为约翰太太认为既然已经让对方进门了，那么这种小要求满足一下也没什么。乞丐烘干衣服后，就从上衣的口袋里拿出了一块石头，对约翰太太说：“善心的夫人，我想借您的锅用用，我想煮点儿石头汤喝。”这点小要求对约翰太太来说也不算什么，而且约翰太太从来没有听说过什么石头汤，于是就在好奇心的驱使下答应了乞丐的要求。当乞丐把水烧开后，又向约翰太太讨要了一点儿盐，约翰太太同样轻松地答应了。之后，乞丐又渐渐地向约翰太太讨要了一点儿调料和肉末，就这样乞丐享用了一锅美味的肉汤。乞丐在雨停之后，心满意足地告别了约翰太太。

乞丐的要求看起来是有点儿得寸进尺，但是却实现了他的目的。这种“得寸进尺”的做法还经常出现在商家的销售活动中。

百事可乐在刚刚诞生之际曾经喊出了这样的口号：“要成为全世界消费者最喜爱的可乐。”面对百事可乐的“狂妄”，可口可乐并没有重视起来，并且认为百事可乐是不可能对自己构成威胁的，认为它成不了大气候。

百事可乐在进驻中国市场之初，为了获得中国消费者的认可和喜爱，决定采用特殊的营销手段。当时中国的饮料市场还没有完全转型为市场经济，计划经济依旧占据主导地位，销售人员每天只待在办公室内工作，不会走出去推销自己的产品，销售商想要采购饮料，就必须自己和厂家联系并提货，销售人员不会起到任何作用。

百事可乐公司的管理层决定招聘大量的销售人员，然后让这些销售人员拿着百事可乐的饮料出去推销。就这样，大量百事可乐的销售人员出现在上海的大街小巷与普通消费者面前。面对一种新兴的饮料，上海人一般不会接受。所以，销售人员的工作面临很大的困难和阻力。

有的销售人员开始改变之前的销售策略，当消费者告诉他没有购买的打算时，销售人员不会马上走开，而是诚恳地对消费者说：“我有点儿累，能让我站在你家门口休息一下吗？”这种小要求人们都不会拒绝。有不少消费者看到销售人员挺辛苦的，就试着买一瓶百事可乐尝尝看。消费者尝过百事可乐后觉得还不错，于是就会向亲朋好友推荐。就这样，百事可乐成功地打开了中国市场，并且渐渐发展成为与可口可乐相抗衡的可乐饮料公司。百事可乐之所以会获得巨大的成功，就是因为在销售中巧妙地运用了登门槛效应。

登门槛效应是一种常见的心理现象，又被称为得寸进尺效应，具体是指一个人在满足另一个人微小的要求后，为了避免认知上的不协调，或者想给他人留下一个前后一致的印象，更有可能接受对方更大的要求。只要我们成功地跨进了对方的门槛，再提出进一步的要求，就比较容易得到满足了，所以人们把这种心理现象称为“登门槛效应”。登门槛效应的运用在销售行业中比较常见，因为人们往往会直接拒绝对方所提出的比较高的要求，但是却乐于接受一些容易满足的要求。在此基础上，销售人员就可以一点一点地朝着自己的目标前进了。

登门槛效应的提出可以说是一个意外，美国社会心理学家弗里德曼和弗雷瑟在1966年的时候做了一个无压力的屈从实验，他们就是从这项实验中发现了登门槛效应。

在实验过程中，心理学家首先派出了一组人去随机访问一些家庭主妇，并且向这些家庭主妇提出一个要求，让她们把一个小招牌挂在自家的窗户上。这对主妇们来说是举手之劳，所以她们都毫不犹豫地答应了实验人员的这一要求。

过了一段时间后，心理学家又派出相同的人员去拜访之前的家庭主妇，然后向家庭主妇们提出了一个较大的要求——把一个较大且不美观的招牌挂在自家的窗户上。实验人员自认为这是一个无理的要求，应该会遭受到大多数人的拒绝。但实验结果证明，有一大半的家庭主妇都同意了这样的要求，忍受那个巨大且丑陋的招牌霸占着自家的窗户。

为了对照，心理学家同时还派出了另一组实验人员去拜访其他家庭主妇，实验人员会按照心理学家的要求直接向这些家庭主妇提出一个无理的要求，即把一个较大且不美观的招牌挂在自家的窗户上。结果与前一组的实验结果正好相反，只有极少数的家庭主妇同意这一要求，绝大多数家庭主妇都表示自己无法忍受这块招牌。

心理学家为了进一步证明登门槛效应的存在，专门设计了同类型的实验。心理学家让实验者分别到两个不同的居民小区去完成劝说的任务——劝人们在家门前竖立一块写着“小心驾驶”的大标语招牌。其中，实验者会向第一个居民区的人们直接提出竖立大标语招牌的要求，结果遭到了大多数居民的拒绝，经过统计后发现只有 17% 的居民同意这一要求。实验者在向第二个居民区的人们提出这个要求之前，首先向人们提出了一个举手之劳就可以满足的小要求，即请求居民在一份呼吁安全驾驶的请愿书上签字，结果绝大多数居民都同意签字。过了一段时间后，实验者会找到这些同意签字的居民并且提出在门前竖起写着“小心驾驶”的大标语招牌的要求，大多数居民都同意了这一要求，经过统计后发现同意的居民比例居然高达 55%。

登门槛效应之所以会产生这种效果，心理学家认为这与人们的特殊心理机制有关。一个人一旦接受了他人的一个小要求之后，那么这个人很可能会答应对方下一个更大的要求。在面对他人的小要求时，人们一般很难拒绝，因为这样会显得自己是一个冷漠的、不愿意伸出援助之手的人，而这个微不足道的小要求对自己而言是很简单的。

当一个人决定满足对方的小要求时，就落入了陷阱当中，很难全身而退。所以，当对方向他提出了一个更大的要求时，若这个要求和上一个要求之间存在联系，我们的心理状态会让自己在这种不自觉的联想中顺理成章地接受这个更大的要求，以保持自身乐于助人的良好形象。这种逐步升级要求的做法往往比一开始就向他人提出较大的要求更容易获得成功，属于一种技巧性的心理引导。

温馨提示

在我们准备向他人提出一个较大的要求时，可以利用登门槛效应，这样更容易得到满足。同时作为消费者的我们，也应该避免被登门槛效应“绑架”。

被逼疯的小白鼠
——拥挤实验

经验说：拥挤的环境在我们的生活中司空见惯。

实验说：拥挤的环境会使动物或人出现一些极端的、病理性的行为。

当我们身处拥挤的人群中时，自己的情绪和行为会不经意地发生变化，想赶紧从这拥挤的人群中脱身，脾气也会变得十分暴躁，更容易出现攻击性行为。关于拥挤环境对人们行为和心理的影响，很早就引起了行为主义心理学家们的关注。

但是有关拥挤现象的研究却一直停滞不前。在一些公共场所，的确会出现人群过密的现象，这个时候人们的情绪变得易怒，而且也很容易出现攻击性语言行为。但是，由于这种拥挤的状态所维持的时间比较短暂，所以无法进行深入研究。当然还有一种研究方式，那就是观察那些比较拥挤的地方，如贫民窟、监狱等。但是，这些地区存在许多不可控的因素，例如，贫民窟之所以犯罪率比较高，或许并不是因为拥挤的环境，可能是贫穷，也可能是吸毒行为的高发生率，这些因素都可能导致高犯罪率。

在一项研究中，研究人员将拥挤的监狱环境与不太拥挤的监狱环境相比较，结果发现，拥挤监狱中的死亡率、杀人率、自杀率、生病次数以及犯错率都要高于不太拥挤的监狱。这项研究结果虽然可以说明高密度的居住环境会影响人们的行为，但是除了拥挤的因素以外，还有其他因素影响了这些行为。

除了观察的研究方式之外，还有一种方式，那就是实验研究。但是，如果在实验中使用人作为被试，让被试长期生活在一个拥挤的环境中，势必会给被试的身心带来无法弥补的伤害。所以，心理学家约翰·卡尔霍恩只好选择小白鼠作为自己的实验对象。

不论在医学上还是心理学上，选择动物作为被试，均既有好处也有坏处。好处就是不用受到道德伦理的压力，坏处就是把动物研究所得到的结果应用到人类身上的时候必须时刻小心。例如，某些物质可以引起鼠类疾病，但是却对人类的身体健康没有丝毫影响。以此类推，影响鼠类社会行为的环境因素并不一定就适用于人类。总而言之，拿动物作为被试，可能会成为指引人类行为研究的重要途径，但也有可能会走入一条死胡同。

卡尔霍恩之所以会选择做拥挤实验，是受到之前一个实验的启发。在那个实验中，卡尔霍恩是为了研究在一个对过度繁殖没有自然控制（如天敌和疾病等）的环境中，白鼠的繁殖率会达到何种程度。卡尔霍恩把一群小白鼠放到一个安全且密闭的环境中，这里不仅有充足的食物，同时也没有天敌的存在，甚至就连疾病的发生都被人为地控制在最低限度。起初，卡尔霍恩以为白鼠会无限制地繁殖。

但是实验结果却出人意料，在实验的27个月内，一共才有150只成年白鼠。如果按照白鼠的繁殖率，这段时间内应该有5000只成年白鼠才对。成年白鼠的数量之所以这么少，并不是因为白鼠的繁殖能力出现了问题，而是因为幼鼠的死亡率居高不下。导致这种现象的原因是，在拥挤的环境下，成年白鼠所面临的压力很大，从而导致繁殖能力和抚育后代的能力严重下降，进而导致几乎没有幼鼠可以活到成年。

卡尔霍恩为了研究在一个高密度的环境中，白鼠会产生什么样的行为变化及其原因，进而设计了一个拥挤实验。在实验中，卡尔霍恩选择了一个 10 英尺 ×14 英尺的房间作为实验室，实验室被划分为四个部分，分别为圈 1、圈 2、圈 3、圈 4，各部分间用隔板隔离开来，隔板被通上电，当白鼠想要穿过隔板进入另一个圈内时，就会感觉到被电击的痛苦，从而知道隔板是不能碰的，但是它们仍然可以到其他圈内。因为在这个四个部分中间还有通道，这些通道可以让白鼠从圈 1 到圈 2，从圈 2 到圈 3，从圈 3 到圈 4，但是圈 1 和圈 4 之间是不能互通的。

在所有的圈内都有充足的水和食物，甚至连白鼠用来筑巢的材料都有。卡尔霍恩会往每个圈内放入 12 只成年白鼠（这是卡尔霍恩通过长时间对白鼠研究所发现的最佳投放数量），也就是说整个实验室内一共被放入了 48 只成年白鼠。而且这个投放数量的密度并不是特别大，只能算是中等程度的密度。卡尔霍恩认为，如果想增加白鼠数量的话，每个圈内还可以增加 20 只白鼠。卡尔霍恩之所以选择中等程度的密度，是想让成年白鼠在实验室内不断地进行繁殖。当成年白鼠自由繁殖到 80 只左右时，卡尔霍恩就会把多余的断奶后的幼鼠转移出实验室，以保证白鼠总数量的稳定。接下来的工作便是长达 16 个月的观察记录，观察白鼠在拥挤环境中的行为表现。

虽然实验室的环境中没有天敌与疾病的侵害，但是自然界的斗争依然存在，这种斗争局限于成年雄鼠，它们会像在自然环境中生存一样，为了得到更多的地盘、食物乃至雌鼠而开始相互斗争。这种斗争的现象发生在所有的圈内，但是每个圈内的情况又不尽相同。圈 1 与圈 4 的环境比较特殊，只有一个出入口。这两个圈内的雄鼠为了保障自己的统治地位，通常会守在那个唯一的出入口处，同时还会把圈内的其他雄鼠赶出去，只留下适量的雌鼠，当然它还会禁止其他雄鼠的进入。圈 1 与圈 4 中的雄鼠会拥有 8~12 只雌鼠。它们为了保障自己所拥有的优势地位，会不分昼夜地守在出入口处，随时准备战斗。不过有时候，圈 1 和圈 2 的霸主也会放水，让个别雄鼠进入自己的领地内。但是，这些雄鼠通常都是毫无存在感的，它们到圈 1 或圈 4 内后总是默默地待在角落里，不与雌鼠交配，也不会争夺圈内的食物，只有到饥饿的时候才会走出来觅食。

由于圈 1 和圈 4 属于易守难攻的地方，所以这里不存在所谓的拥挤，圈内的雌鼠可以建筑舒适的窝，可以生育且抚养好后代，雌鼠完全可以扮演好母亲的角色。这里的大部分白鼠都会表现出正常的行为，其繁殖行为也比较正常，繁衍的幼鼠有一半可以长大成年。

圈 2 和圈 3 的情况就比较糟糕了，一共有 60 只左右的白鼠拥挤在这两个狭小的空间内。在这种拥挤的环境中，白鼠们纷纷出现了许多不可思议的行为，卡尔霍恩称之为“行为沦丧”，也就是一些极端的、病理性的行为。

圈 2 和圈 3 中的白鼠出现了不寻常的攻击性行为。在自然界，白鼠的攻击行为十分正常，通常发生在雄鼠之间。处于统治地位的雄鼠一般比较强壮，霸占着食物以及雌鼠。当然也有不少后起之秀挑战这只雄鼠的地位。如果发起挑战的雄鼠能够击败这只雄鼠，那么食物和雌鼠将会易主。但是在拥挤的环境中，雄鼠居然会攻击雌鼠和幼鼠，有时候还会对那些不爱动的雄鼠发起挑战。雄鼠甚至还出现了一种怪癖，那就是咬其他白鼠的尾巴，这是一种在自然界或正常状态下十分罕见且不正常的行为。这些喜爱攻击的雄鼠身上经常会出现秃斑。

与经常性的攻击性行为相反，还有一些白鼠表现得十分安静，它们与世无争，躲避一切争斗，默默地静守一隅。这些雄鼠与好斗的雄鼠比较起来，看似十分健康，它们不仅体格肥硕，而且皮毛完好。但是，这些雄鼠的精神状态却不怎么样，它们似乎完全不能适应这个拥挤的社会环境。这些雄鼠在圈内走动的时候显得十分迷糊，好像处于睡眠或催眠的状态，无视其他白鼠的存在，同时其他白鼠也会忽视它们。这些白鼠对性活动一点儿兴趣也没有，即使在面对发情的雌鼠时也可以做到坐怀不乱。

有一些白鼠虽然对争夺地位不感兴趣，但是却纵欲过度，总是十分活跃地去寻找雌鼠，也因此遭到其他体格强壮的白鼠的教训。此类白鼠在追求雌鼠的时候不会遵守自然的交配程序。正常情况下，雄鼠在追求雌鼠的时候，雌鼠会跑到洞里。雄鼠则十分绅士地等待雌鼠从洞里出来，然后再进行交配。有些主动的雄鼠会在洞口跳舞来勾引雌鼠。也就是说，雄鼠想要获得交配权，就必须在雌鼠自愿的情况下。但是，此类纵欲过度的白鼠会强迫雌鼠进行交配，例如，它们不会等待雌鼠从洞中出来，而是直接跟着雌鼠进入洞内。而且，此类白鼠还出现了一种十分残忍的行为，即食用同类白鼠，当它们发现雌鼠的洞内有死去的幼鼠时，一般会吃进肚子里。

有一些白鼠则是疯狂地进行交配，对交配的对象不加分辨，任何白鼠都可以，如雄鼠、幼鼠以及没有发情的雌鼠等。此类白鼠也经常受到体格健壮的雄鼠的攻击。所有雄鼠在雌鼠处于发情期的时候，会一起追逐雌鼠，直到雌鼠筋疲力尽，不能继续奔跑。

上述三种情况都是雄鼠的，圈 2 和圈 3 中的雌鼠也表现得格外异常。在自然界中，筑巢是雌鼠所拥有的一种本能，这是雌鼠为生产幼鼠而必做的准备工作。正是基于这种本能，卡尔霍恩才为白鼠准备了许多小纸条作为筑巢的原材料。但是，拥挤的环境使雌鼠丧失了筑巢的能力。起初，雌鼠还会主动地收集许多纸条，尽管它们所筑的巢穴并不合格。后来，雌鼠越来越懒得收集纸条，就连不合格的巢穴也不再建筑。于是，当幼鼠刚出生的时候，就直接被抛弃在地面上。

雌鼠在保护幼鼠的本能上也出现了纰漏。当雌鼠预感到危险的存在时，通常会把幼鼠转移到安全的地方，但是圈 2 和圈 3 内的雌鼠则丧失了这一本能。它们有时候会转移了一些幼鼠而忘记转移另一些幼鼠，有时候则会在转移的过程中不小心把幼鼠丢在地上。这些被丢弃的幼鼠通常都会面临死亡，要么是自己饿死，要么是被其他成年雄鼠吃掉。圈 2 和圈 3 中幼鼠的死亡率也远远高于圈 1 和圈 4，死亡率为 80%~96%。此外，雌鼠在怀孕和生产的过程中会伴随着一些并发症出现，从而导致大量雌鼠的死亡。据统计，在实验结束后，圈 2 和圈 3 内的雌鼠已经死亡了将近一半。

实验结果说明，高密度的生存环境改变了白鼠的社会行为以及生存的自然行为。这个实验结果似乎同样适用于人类，因为拥挤的环境的确会对人们产生消极的影响。这一点，有相关的实验证明，被试就是人类。

在一项实验中，被试被分成两组，其中一组被试需要在一个非常拥挤的小房间内完成实验者所交代的复杂任务；另一组被试则需要在一个不太拥挤的大房间内完成实验者所交代的复杂任务。结果发现，拥挤环境下的被试解决问题的能力远远低于不太拥挤环境下的被试。此外，在实验过程中实验者还测试了被试的生理指标。结果发现，拥挤环境中被试的生理指标发生了显著的变化，其中包括血压升高、心跳加速。实验者还发现，拥挤环境下的被试们彼此之间还充满了敌意。

约翰·卡尔霍恩，美国著名心理学家，因为拥挤实验而闻名于世。卡尔霍恩曾经把自己实验研究的成果写成论文，发表在美国《科学》杂志上，主要描述了他建立严重拥挤的老鼠聚集区之后发生的十分恐怖的现象。

温馨提示

每个人都有属于自己的私人领地，当这个私人领地被外人侵犯后，就会引起我们的敌意，这个时候我们会变得易怒。而在拥挤的环境中，个人的私人领地往往面临着严峻的考验。但是在一些公共场所，拥挤又是不可避免的。所以当面临拥挤的环境时，我们一定要进行自我暗示，防止自己出现攻击性行为。

在迪士尼遇到兔八哥
——洛夫特斯的“商场迷路”实验

经验说：人的记忆是过去真实的再现，目击者的证言可信。

实验说：人的记忆可以扭曲，甚至能为大脑植入虚假记忆。

在司法程序中，目击者的记忆是一种十分重要的证据，有时候决定着被告的命运。这是因为人们确信，人的记忆是准确无误的，就好像录像机一样能准确反映事实。但是洛夫特斯用实验告诉我们，记忆并不可靠。

记忆力是进化赐予人类的礼物。有些人认为，人之所以会有精神痛苦，完全是因为记性太好，会记得过去的痛苦来折磨自己；抑或是记得过去的美好，来感叹岁月的流逝。但是如果人没有记忆，或是记忆只维持很短的时间，那么我们的头脑就会变得一片空白，我们或许会因为茫然失措而痛苦。

柏拉图认为人的记忆是完美的，可以记住过去的一切，并且可以随时读取出来。而弗洛伊德则认为，记忆是现实与梦境的交错。有时候，弗洛伊德也赞成柏拉图的观点，即认为人的记忆就像可以重播的影片一样，通过自由联想的方式进行提取。

心理学家洛夫特斯关于记忆提出了自己的看法，她认为人的记忆很狡猾，难以被人主动掌控。她之所以会提出这种观点，是因为她专门做过一些小实验。

洛夫特斯会请被试描述之前看过的物品，如交通标识、胡须、农舍、刀子等。然后她会采用反问的方式来诱导和暗示被试：“那个交通标识不是黄色的吗？”事实上，被试所看到的交通标识是红色的，但是大多数被试都会附和道：“好像真的是黄色的。”

这种小实验验证了洛夫特斯的想法，所以她专门设计了相关的正规实验，把记忆问题当成自己的研究项目，她一共进行了四项实验。

在第一项实验中，洛夫特斯将 150 名被试学生随机分成两个小组，然后请他们观看一段短片。短片的内容就是一个司机闯过了停车路标，并且引发了与 5 辆汽车的追尾事故，这个过程十分迅速，只有 4 秒钟，而这个短片的时间也不过 1 分钟。

在观看完短片之后，被试会被洛夫特斯要求做一份包含 10 个问题的调查问卷，而且两个小组的被试所拿到的问卷问题并不一样。

第一组被试问卷中的一个问题是：“汽车 A（闯过停车路标的那辆汽车）闯过停车路标时的速度有多快？”第二组被试问卷中的一个问题是：“汽车 A 在右转弯时的速度有多快？”剩下的问题都显得无关紧要。当然，最关键的一个问题在最后，而且两个小组的问题都一样：“汽车 A 前面是否有停车路标？”

按照经验，两个小组所有成员的答案都应该是一致的，但是却出现了戏剧化的一幕。第一组的被试有 40 名（占小组总人数的 53%）表示看到了汽车 A 前面有停车路标；而第二组的被试中只有 26 名（占小组总人数的 35%）表示看到了汽车 A 前面有停车路标。

在第二项实验中，洛夫斯特引入了延迟记忆测试的实验方式。在实验中，洛夫斯特会给 40 名被试（被随机平均分成两个小组）观看一部名为《学生革命日记》的影片，影片的内容为一个班级的学生受到 8 名示威者的扰乱，影片时间为 3 分钟。

在被试观看完电影之后，洛夫特斯会让被试做一份有关影片内容的调查问卷，一共有 20 道题目，其中 19 道题目两个小组完全相同，只有一道题目是不同的。关于这道题目，第一个小组是："进入教室的 4 名示威者带头的是男性吗？"第二个小组则是："进入教室的 12 名示威者带头的是男性吗？"这个问题实际上会对被试的记忆进行干扰和暗示，可能会出现改变记忆的结果。

在被试做完调查问卷之后，就被告知可以回去了，在一个星期之后继续做调查问卷。一周之后，洛夫特斯会让被试做一份新的调查问卷，内容依然和之前所观看的电影相关，而且这次是在不看电影的情况下做问卷，全凭被试的记忆力。所有被试都需要回答一个问题："你看见几名示威者走进了教室？"

结果，只有少数人通过记忆给出了正确的答案，即有 8 名示威者进入了教室内。其中，第一组被试回答"有 4 名示威者进入教室"的人数为 9 人；而第二组被试回答"有 12 名示威者进入教室"的人数是 6 人。这个实验结果说明，问题措辞的不同会改变目击者对所发生事件的基本特征的记忆。

洛夫特斯在设计第三项实验的时候，想知道如果问题中的假定前提是虚构的，那么是否会让目击者在记忆中重新建立起这个"虚构"？

在第三项实验中，洛夫特斯给 150 名被试（被随机平均分成两个小组）观看了一段短片，内容是一辆白色赛车的交通事故。观看完毕后，洛夫特斯会让被试回答 10 个与短片相关的问题。给第一组被试的其中一个问题是："白色赛车在乡间道路上行驶的时候，经过谷仓时的速度有多快？"第二组被试的相关问题是："白色赛车在乡间道路上的行驶速度有多快？"

一个星期后，洛夫特斯会让所有的被试回答一个问题：“你是否看见一个谷仓？”结果，第一个小组的被试中有 13 个人（占总数的 17.3%）回答看见谷仓；而第二个小组的被试中只有 2 个人回答看见谷仓。

在第四项实验中，洛夫特斯把 50 名被试分成 3 个小组，并且让所有的被试共同观看一段时长为 3 分钟的短片，具体内容是从一辆汽车里向外看去，最终这辆汽车撞到了一位男士推着的婴儿车。然后，三组被试会得到不同问题的问卷。

第一组被试的问题是：“你在观看影片的时候是否看到一个谷仓（影片中并未出现谷仓）？”这一组采用了直接提问的方式。第二组被试的问题是：“你是否看见一辆旅游车停放在谷仓前面？”这一组采用了错误假设的提问方式。第三组被试作为控制组，所得到的问卷中没有问题，只有填空题，不存在错误引导。

在一周之后，洛夫特斯让所有被试重新做一份有关这个短片的问卷，问卷中一共有 20 道题目，其中一个问题就是有关谷仓是否存在的。结果第一组被试中有 8 个人给予了肯定的回答；第二组被试中有 18 个人给予了肯定的回答；第三组被试中有 2 个人给予了肯定的回答。

这个实验结果说明记忆的确有重构的可能，即使重构的事物并未存在过。此外，如果采用错误假设的方式来进行暗示，那么记忆重构的概率将会大大增加。

洛夫特斯把这些实验过程以及结果写成论文并发表，她在论文中质疑了目击证人证词的准确性。目击证人在作证的时候，通常需要回答许多问题，这些问题可能是来源于警察的提问、负责案件的检察官的提问，在法庭作证时法官以及被告律师的提问等。在被提问的过程中，目击证人有可能会被误导，从而改变自己的记忆。例如，当警察问道：“犯罪分子所使用的枪支是什么样的？”这种问题就带有一定的误导性，或许犯罪分子根本没有使用枪支。

此外，洛夫特斯还专门写了一本著作——《被压抑的记忆之谜：错误记忆和对性虐待的辩解》。在这篇文章中，洛夫特斯提出了新的观点，即认为被压抑的记忆事实上根本就不存在。之前，心理医生（可能是受到了弗洛伊德精神分裂流派的影响）认为，创伤性的记忆会给人带来痛苦，所以在趋利避害的本能的引导下，人们会把受虐待的记忆压抑起来。这段记忆会被储存在潜意识之中，可以在引导下渐渐浮出意识的表面，从而重现记忆。

面对这种观点，洛夫特斯提出了两个不同的观点。第一，所谓被压抑的记忆其实早已被遗忘，因为如果这种伤害是儿童所无法理解的，那么他就会遗忘。第二，被压抑的记忆其实只是当事人不愿意再提起罢了，并非被压抑到潜意识层面。

这本书中新颖的观点，不仅让洛夫特斯声名远扬，同时也让洛夫特斯的名声受损。因为许多人认为，洛夫特斯的观点是在为一些犯罪分子辩护。洛夫特斯在面对人们的质疑时说："人的记忆的确存在扭曲的现象。虚假的记忆会让普通人变成骗子而不自知。"

在 1990 年时，一位名叫洪葛德的律师和洛夫特斯取得了联系，希望洛夫特斯能出庭作证，帮助一名被冤枉的 63 岁的被告，这名被告的名字叫作富兰克林。不久之前，富兰克林的女儿艾琳指控她的父亲在二十多年前曾经对她的好友进行了强奸和杀害的犯罪行为。他的女儿还表示，这段记忆已经被尘封了许多年，最近才偶然记起。当然，这只是富兰克林女儿的一面之词，富兰克林本人并不承认，坚决声称自己是冤枉的。事实上，富兰克林的女儿除了记忆之外也找不到任何确凿的证据。如她所言，这起案件年代久远，就连被害人也已经变成了一堆白骨。

洛夫特斯在接到洪葛德律师的邀请后，如约到法庭上质问原告："你说你亲眼看见了这起重大的凶杀案，然后遗忘了这段记忆。在二十几年之后，突然之间想起了整个事件的经过。老实说，我认为这是不可能的。"在洛夫特斯看来，这起案件的重点并不是争辩这件事是否真的发生过，而是应该关注这段痛苦的记忆是否会完全与意识相脱离。换句话说，就是某段记忆是否可以原封不动地封存在我们的大脑中，等遇到某个时机后，就会灵光一闪，重新被我们意识到。富兰克林的这起案件十分常见，目击者往往会在遗忘多时之后突然声称恢复当时的记忆，再加上媒体的大肆报道，冤枉的现象将更常见。

洛夫特斯认为，对于某段记忆如果我们不刻意地加以强化，那么就会消失掉。在现实生活中，我们纯粹的记忆会受到外界的污染。而且随着时间的推移，记忆会变得越来越模糊。至于这位被告，除了女儿的证词之外，别无证据。那么，女儿的记忆有可能受到了某种暗示，这种暗示会歪曲人的记忆，甚至还会在人的头脑中强行植入记忆。

洛夫特斯告诉陪审团的成员，艾琳的记忆未必可靠。这种现象不仅仅出现在艾琳身上，几乎所有人都会出现这种问题，这是记忆运作的必然结果。对于记忆而言，时间会使它出现难以避免的遗漏。

洛夫特斯指出，人类习惯把想象与现实混合在一起，并且出现改造记忆的情况，而且对改造过的记忆确信不疑，而事实上并不存在。

艾琳对父亲的犯罪过程描绘得十分详细：“我看见父亲用石头敲击好友的头骨，甚至可以看见父亲手指上的戒指在阳光的照射下闪闪发光，而且地上还有一大摊血迹。”

对于艾琳的证词，洛夫特斯说：“这些袭击都不是真的，你应该是从新闻报道中得知的这些细节。”她甚至还出示了自己的实验报告。但是，洛夫斯特的观点即便引起了很大的争议，陪审团成员并没有相信她的说法，而富兰克林也被认定有罪。

而且，当时社会上比较流行恢复回忆的心理疗法，几乎所有人都认为记忆会受到压抑，需要通过回忆来进行心理治疗。所以，洛夫特斯的观点更难以让人接受。

面对这个结果，洛夫特斯深受打击，她决定改变自己的研究方向，并且立志帮助那些被诬告的人，就如同她所说的："这些指控很可能是恶意的栽赃，甚至连联邦调查局的探员都找不到实际证据。"洛夫斯特知道仅仅依靠之前的实验结果还不够，她需要设计一个新的实验来证明两点：其一，我们的记忆会被扭曲；其二，我们完全可以把虚构的记忆植入人脑中。

洛夫特斯出席富兰克林案件的审判在美国产生了较大的影响，许多父母在得知之后纷纷写信求助，因为他们的子女控告他们在其童年施暴。这对于洛夫特斯来说十分苦恼，因为她觉得没有有力的科学证据，她也无法帮助这些心力交瘁的父母。

于是，洛夫特斯开始思考如何进行一个更有说服力的实验，她首先想到的就是往被试的头脑中植入受到性侵害的记忆，但由于不道德，洛夫特斯只能放弃。她需要保证被试不受到伤害，同时还要让被试有深刻的感受。就这样，商场迷路实验诞生了。

在正式开始实验之前，洛夫特斯要求被试在感恩节的假期中，想办法让自己的兄弟姐妹产生假回忆，并将双方的对话录下来，在假期结束后把录音交给她。这是一个虚构情节、扭曲真实记忆的过程。

在实验正式开始之后，洛夫特斯给 24 名被试准备了一本手册，手册上写有四则被试童年时期经历过的事情，其中三则是真实的经历（由被试的家人提供）；一则是洛夫特斯编造的在商场迷路的假经历。此外，洛夫特斯还请被试的家人协助给四段经历分别写了一段叙述。

在实验的过程中，被试需要阅读这本记载着个人经历的手册，然后根据自己的记忆再写下这四则经历的具体细节，如果不记得了，只需要写上"我不记得了"就可以了。

实验结果让洛夫特斯十分吃惊，因为有不少被试在描绘商场迷路的细节时十分详细且生动，完全是对无中生有的事情侃侃而谈，从未怀疑过这件事情的真实性。

在感恩节结束后，洛夫特斯收到了被试的录音。其中一位被试告诉自己的弟弟克里斯：“你曾经在5岁的时候在商场迷路。”克里斯并未怀疑，在复述商场迷路事件的时候，甚至还加入了不少细节与感情的描述。第二天，克里斯对商场迷路这样回忆道：“当我意识到自己迷路之后，就害怕再也见不到家人了，十分恐惧。”第三天，克里斯又加入了一些细节：“当我找到妈妈后，妈妈对我说：‘以后再也不能乱跑了。’”

洛夫特斯听完录音后，请被试在几个星期后把克里斯请到实验室来。然后，洛夫特斯开始请被试给克里斯一些小小的提示，结果却换来了克里斯更多的“谎言”：“我本来是和你们在一起的，但是我却被一些玩具所吸引，然后和你们走散了。当我预感到情况不妙后，就开始找你们，边找边担心，我还以为自己再也见不到你们了。你们不晓得当时我是多么害怕。对了，我后来还遇到一个穿着蓝色外套的老爷爷，他有点老，头顶已经秃了，只有一小撮灰白的头发，他还戴着一副老花镜。”

克里斯的叙述是这么详细与生动，让人忍不住相信他小的时候真的在商场走失过。但是洛夫特斯知道，这一切不过是虚假的记忆罢了，克里斯都没有意识到自己在说谎。

这种虚构记忆不仅会出现在男性身上，女性也一样会出现。例如，一名亚裔女孩在谈论自己商场迷路的虚假记忆时说：“当时我四处乱跑找自己的奶奶，我还记得商场里的情景，货架上的毛巾摸起来很软和，商场的灯光十分强烈，甚至有些刺眼。最让我痛苦的是，突然高起的走道让我站也站不稳。”

洛夫特斯通过统计发现，有25%的被试被成功植入虚假记忆，会在暗示和引导下突然想起自己在商场迷路的经历，然后虚构出许多细节来。在实验结束后，洛夫特斯告诉了所有被试真相。那25%的被试知道真相后，反应十分惊讶，甚至是震惊。

在洛夫特斯公布实验结果后，依然有不少人对“商场迷路”的实验提出质疑，因为被试可能真的有童年迷路的经历，而洛夫特斯的做法不过是唤醒了被试已经遗忘的久远记忆而已，这是一段真实的记忆，而不是被植入的虚假记忆。

面对质疑洛夫特斯也给予了反击：“如果我们选择给被试植入‘曾在迪士尼乐园遇到兔八哥’，那么怎么都不会成功，因为喜欢卡通的人都知道这是不可能的。”

伊丽莎百·洛夫特斯，1944 年 4 月 16 日出生于美国加利福尼亚的洛杉矶，母亲是一名图书管理员，父亲是一名医生。洛夫特斯之前的兴趣是数学，后来发现自己对心理学更感兴趣，便开始致力于研究心理学，成为美国著名的认知心理学家之一。

温馨提示

人的记忆总会遗忘，尤其是那些无关紧要的事情。但是人的记忆通常也会发生改变，这种改变可能是受到了外界的影响，通常是无害的。但是在司法程序中，目击证人的记忆就会变得十分重要，因为如果目击证人因为外界的诱导和暗示而扭曲记忆，那么势必会给被告带来伤害。这是洛夫特斯通过实验所得出的结论，但是依然有不少人认为洛夫斯特所得出的结论并不适用于所有的记忆形式。例如，那些受到虐待或性侵害的记忆属于创伤性记忆，会给当事人留下深刻的印象，身心由于难以承受这种创伤记忆，从而将这种记忆压抑在脑部的非语言区域内，即体感觉皮质区。而洛夫特斯所进行的商场迷路实验的结果并不适用于创伤性记忆，因为迷路虽然会给人带来恐慌，但是远不及重大变故带来的创伤体验强烈。

总而言之，洛夫特斯的实验研究虽然对记忆理论和司法领域都产生了影响，但是依然有很大争议。我们在回忆一些事情的时候，应该尽量避免外界的暗示与诱导，尽量还原真实的记忆。由于记忆会随着时间的推移而变得模糊，更加容易被误导，所以我们可以养成写日记的习惯，诚实地记录下自己当天的真实记忆。而且，我们在阅读一些名人的自传或回忆录时，也应该注意其真实性的问题，因为这些名人的记忆也可能会不真实。

你能预知未来吗
——达里尔·贝姆的预知实验

经验说：预知能力是不科学的，无法证明。

实验说：人拥有预知未来的能力，且可以通过实验证明。

预测未来在现实生活中十分常见，例如，各种古老的算命术，还有关于世界末日的预言——玛雅人关于人类在2012年灭绝的预言等。在这些预测中，有些会变为现实，有些则不会。但是无论如何，都会给现实生活中的人们带来一定的心理冲击。在大多数人的心中，预测未来十分神秘，具有强大的吸引力，而那些具有预测未来能力的人也为人们所津津乐道。

关于预测未来这个问题，在许多科学家眼中都是无意义的。在科学家看来，一切理论假设想要成立，就必须通过科学的严密推理并用具有规律性的数据说话。人们通常把预知的能力称为“第六感”，即认为这是一种没有任何事实根据，但却可以预见未来的能力，是超自然力的一种。对于第六感的说法，大多数科学家更是嗤之以鼻，因为并没有相关研究显示第六感是科学的。美国著名心理学家达里尔·贝姆用实验打破了这些成见，证实了预知能力的存在。

在一项实验中，贝姆首先让被试尽可能多地记下一些单词，然后要求被试不断地在脑海中进行回想。过一会儿后，贝姆会给被试每个人一张纸，并要求他们拼出纸上随机写出的一系列单词。这张纸上的单词是被试之前记下的一些单词，但是经过了贝姆的随机挑选，而且每个被试所得到的单词都不一样。实验结果是，被试对之后即将拼写的单词更容易记住，也就是他们此前脑海中回想的单词。也就是说，被试在被要求拼写纸上的单词之前脑海中就已经出现了这个单词。对这个实验结果，贝姆是这样解释的："未来事件影响了人们的记忆能力。"

在这次实验中，贝姆所使用的方式非常直接，利用了已有的心理学实验模型。首先让被试记忆单词，然后随机挑选单词让被试回忆与拼写，将顺序逆转，从而产生交换因果的现象，利用记忆基础帮助被试唤醒其预知的能力。

为了进一步证明自己的理论，贝姆决定采用一个更直接的实验方式来测试被试的预知能力，主要测试被试的超感觉知觉能力。在实验开始之前，贝姆会告诉被试："在这次实验中，有一个道具是清晰的色情图片，如果有人接受不了，可以选择提前退出。"实验正式开始后，贝姆首先请被试们观看电脑上的一张图片，这是一张有着两扇窗帘图案的图片。其中一扇窗帘后面隐藏着一张色情图片，另一扇窗帘后则是白墙。

至于色情图片究竟会隐藏在哪扇窗帘后面，则是由电脑随机分配的。也就是说，学生要先作出选择，然后电脑才会随机分配图片。被试的任务就是凭直觉挑选出藏有色情图片的窗帘。这个测试一共进行了 36 次。

实验结果让人吃惊，被试选择正确的概率更高。要知道，这次实验不是考验人的眼力，纯粹是运气。如果从概率的角度来看，被试猜对隐藏色情图片窗帘的概率应该是 50%，但是被试猜对的概率却是 53.1%。贝姆认为，这个实验结果完全可以说明，人是具有操控未来的"超能力"的。

除了这两项实验外，贝姆还设计了七个不同的实验，一共有一千多名被试参加。而且在总共所实施的九个实验中，有八个实验都得到了类似以上两项实验的结果，即人具有预知未来的能力。贝姆认为，这些实验结果不仅仅是巧合，而是事实，信奉无神论的物质主义的科学家们应该承认并接受超心理现象。

后来，贝姆把自己的实验研究写成了论文——《感知未来：对认知及情感的反常可回溯影响的实验证据》。通常情况下，科学论文不会谈及有关超心理的现象，因为在大多数人的心中，超心理现象是无法给出科学的解释的，是一种反常的现象。

贝姆的这篇论文发表在一份高端、严肃的学术杂志上——《人格与社会心理学杂志》。在这篇论文中，贝姆罗列了大量的实验数据用来证明超心理现象。尽管如此，贝姆的观点依然遭到了大多数同行的批评。他们认为，贝姆的这篇论文实在是荒唐，甚至可笑。例如，《新科学家》杂志就发表文章表示，如果其他科学家能够重复贝姆所做的实验，并且得出了和贝姆一样的结果，那么就可以证明贝姆的结论是正确的。

尽管有许多质疑的声音，但是贝姆的论文所作出的贡献依然是不可磨灭的。首先，贝姆的论文中提供了许多实验数据，尤其是实验数据的精准性。其次，这是一篇首次提供调查反常心理学现象的可重复实验方案的论文。因为贝姆所采用的实验方式是众所周知的，而且在实验的过程中也避免了实验者对被试的影响。

达里尔·贝姆（Daryl Bem），美国当代著名心理学家，在康奈尔大学超心理研究领域担任教授，同时还是一名物理学家和业余魔术师。

除了贝姆之外，许多科学家对超心理现象也十分感兴趣，并且着手进行调查与研究。一项统计结果显示，每个人都可以在一天之内预测上千个小事件的发生。例如，坐公交时预感到公交快到站了，预感到今天会有朋友拜访，预感到会打碎杯子等，这些现象在我们的生活中十分常见。

有些科学家认为，人类的大脑之所以会产生令人惊讶的预测能力，与多巴胺系统是分不开的。关于这一点，位于圣路易斯的华盛顿大学的教授们就做过专门的研究。在正式开始实验研究之前，教授们首先提出了一种理论假设，即认为当一些事件突然发生的时候，我们的中脑多巴胺系统会向大脑的休息区域发出某种信号，并被我们感知到。也就是说，这种微小的预知能力与我们大脑中形成的某种物质密切相关。

为了证明这一理论假设，研究者决定采用磁共振成像的技术，从而观察中脑多巴胺系统在面临即将发生的事件时所作出的预知反应。

在实验的过程中，研究者会让被试观看一段视频，视频的内容则是日常生活中经常接触的一些小事件，如做饭、洗碗等。在视频播放了一会儿之后，研究者会中断播放，并且让被试预测接下来可能会发生的事情。研究者会要求被试立刻说出答案，不可以思考，靠直觉来回答。这个过程只会持续五秒钟，然后继续播放视频。

研究者会采用两种中断视频的方式。第一种是将视频中断在一件事情即将发生的时候；第二种是将视频中断在某件事情的发生过程中。不同的中断方式会影响被试预知结果的准确性。统计显示，在第一种方式中，被试预知的正确率为80%；而在第二种方式中，被试预知的正确率为90%。对于这个结果，研究者解释说，预测一件即将发生的事情对人们来说比较困难。而且在实验的过程中，被试能感觉到自己正在预测未来。所以当他们出现预测错误时，会影响他们接下来预测能力的发挥。因为他们已经在自己的潜意识里给予自己这样的暗示："我真的不知道接下来要发生什么。"

研究者通过观察磁共振成像发现，被试在预测事件的时候，中脑区域的活动明显增强，并且产生了许多黑质，而这些黑质是多巴胺信号系统活跃的表现。这些黑质对人们来说十分重要，在控制身体活动和做决策方面起到了关键作用。而帕金森症患者大脑中的黑质就受到了严重的影响。

观察结果显示，人类中脑多巴胺系统会在日常事件即将发生之前，迅速出现编码的现象，从而预测可能发生的现象。而且统计结果显示，当一个日常事件正在发生的时候，突然中断，人们往往可以感知到，准确率高达 80%~90%。此外，有研究者还提出，人类大脑的预知能力不仅仅局限于日常小事。例如，当一个人过马路的时候，突然有车朝着他撞来，他大脑中所拥有的预知能力会让身体下意识地进行躲避，从而避免给自己带来伤害。

这种感知能力虽然是人类所共有的，但也会因人而异，有些人的预感能力会特别强，有些人则比较弱。此外，还有许多神经系统的疾病也会涉及潜意识的预知区域，如精神分裂症的早期表现、阿尔茨海默病和帕金森综合征等。

这项研究结果建立在一种理论基础上，即认为人的任何思维活动都是大脑功能的外在反映。也就是说，我们之所以会具有预知能力，不过是大脑功能的表现。只要人类技术允许，一切思维活动都可以用神经元和脑细胞来解释。例如，有些人到某个陌生的地方后，会有一种很熟悉的感觉，这种感觉存在的时间十分短暂，往往会在一瞬间出现与消失。事实上，这是我们大脑某个部位发生短暂痉挛的结果。如果这种痉挛的时间过长，那么就会引发癫痫。而有些癫痫患者可以感知到普通人所无法感知的东西。在早期治疗癫痫的医疗手段中，常常会采用切除引发癫痫的大脑中的某部位的方式。不过这种手术往往会给患者带来无法弥补的后患，即在手术过后引起大脑重要功能的缺失。

此外，研究者还认为人类大脑中的这种预测能力只能在日常生活中体现出来，并保证预测的准确性，因为这种预知能力建立在潜意识和主观经验的基础上。如果是一些突发事件，那么人预知能力的准确性就会变得很低。因为未来充满了许多不可知的因素和变数，哪怕只是一些细小的变化，往往也会影响最终的结果，甚至会使整个事件朝着不同的方向发展。

而且人类的思维十分复杂，会受到外界环境、知识与经历、天气等因素的影响。在这种多变的思维基础上，人们想要预测未来是十分困难的。

例如，在第二次世界大战中，德军在进攻苏联的时候，一直处于优势地位。当时的希特勒非常有信心能吞下苏联这个庞大的国家。但是，希特勒的这种关于胜利的预测却败在了天气上。随着天气变得越来越寒冷，德国士兵越来越难以忍受这样的严寒。更为关键的是，德军一向擅长闪电战，本来决定在天气变得寒冷之前就结束对苏联的战争，所以并没有准备御寒的衣物。而苏联人因为长期生活在这样的气候中，所以抗寒能力自然比德军强。而且苏联人还有许多可以御寒的物资。所以，当时德军冻死了不少，直接导致整个战局的逆转。

巴甫洛夫用实验告诉我们，哺乳动物有一种关联学习的本能，会把经常同时出现的两种事物建立因果联系，然后在头脑中形成条件反射。当其中一种事物出现时，会自然联想到另外一种事物。这是因为哺乳动物的大脑进化出了杏仁核，而人的预知能力就与杏仁核有关。

杏仁核位于大脑底部，掌管着所有的情绪反应。在人类大脑中，左右两侧的脑额叶皮层控制着情绪，其中左侧控制着积极的情绪，右侧控制着消极的情绪。通常情况下，我们的情绪反应是这两侧皮质活动的结果。但是杏仁核也会直接管控我们的情绪，也就是不经过两侧脑额叶皮质层直接处理情绪。而有的人认为，杏仁核既不管控情绪，也不掌管理性思考，与不假思索的直觉有关。例如，大部分人第一次看到蛇都会恐惧，似乎就是一种本能的恐惧。

杏仁核的作用就是保护我们不受伤害，这种保护不仅仅是生理上的，同时也是心理上的。如果杏仁核保护不力，那么就会出现许多心理疾病。例如，当人们过于恐惧时，其杏仁核的反馈能力就会大大增强，从而因为反应过度而出现创伤性的应激障碍。创伤性应激障碍的一种表现就是在重大变故后，选择忘记或是麻痹自己的情感。而人的预知能力就是这种自我保护的一种反映。

不过也有不少研究者认为，人类是拥有自由意志的物种，人的思维中一定有一部分不受大脑控制。也就是说，某些人类思维活动是无法通过神经元和脑细胞功能来解释的。

还有一种观点认为，人的预知能力实际上是一种对自身危险处境的直觉，这是与生俱来的，是长期进化的产物。在漫长的进化历程中，人们为了更好地适应环境生存下来，必须拥有一种预知危险的能力，从而避免受到伤害。例如，在远古时期，人类遇到猛兽时，会预感到自己可能会受伤甚至死亡，然后拼命避免这种情况的出现。

温馨提示

贝姆用他的实验告诉我们，人类具有预知的能力，但是这种能力的体现并不明显。事实上，我们也应该庆幸我们没有清晰且完全的预知能力。如果我们能够知道未来会发生什么，那么未来对于我们将不再具有吸引力。

通常情况下，我们的确会对一些事情产生预测，而且正确率也比较高。但这基本上都建立在我们记忆的基础上，是我们生活经验积累的表现。而且这种预测的能力往往是不可捉摸的，只能算是一种直觉，而且是恍然间感觉到的，无法像理性思考那样可以被我们掌控。

可怜的小阿尔伯特
——华生的婴儿条件反射实验

经验说：恐惧是天生的。

实验说：恐惧是可以培养的。

每个人都有情绪反应，那么这种情绪反应到底是从哪来的呢？是我们本身所具有的，如每个人都会在一段时间内莫名其妙地出现情绪低落的现象？还是因为外界的刺激，如当我们遇到不如意的事情时，情绪会变得格外低落与烦躁？

关于情绪反应的出现，美国著名心理学家约翰·华生专门做过一个实验。在实验之前，华生提出了理论假设，即认为人们之所以会出现某种特定的情绪反应，完全来源于一种刺激，特别是当这种刺激重复出现多次以后，那么人们就会自动把这种刺激与特定的情绪反应联系在一起。换言之，我们的情绪反应并不是天生的，而是后天形成的。至于纳入实验的某种特殊情绪体验，华生选择了恐惧的情绪反应，因为恐惧是一种比较强烈的情绪体验，会很明显地表现出来，有利于实验者的观察，而且恐惧还是一种比较原始的情绪反应，如果没有恐惧的情绪，那么人们将会丧失对危险的察觉能力。

参与这场实验的被试是一个 9 个月大的婴儿，名字叫作阿尔伯特，由于阿尔伯特是一名孤儿，所以从出生起就一直待在医院中。而且华生还了解到，阿尔伯特是一个心理和生理上都很健康的婴儿。

在正式进行实验之前，华生给阿尔伯特准备了一些白色毛茸茸的动物以及玩具，因为华生认为这些物体属于中性刺激，不会引起人们恐惧的情绪。事实证明，阿尔伯特的确没有出现恐惧的反应，反而很喜爱这些动物和玩具。然后，华生开始测试阿尔伯特是否会对突如其来的巨大声响产生恐惧。华生认为，人们很容易对突然出现的巨大声响感到恐惧，这几乎是与生俱来的本能，事实证明巨大的声响把阿尔伯特给吓哭了。

在实验开始后，华生向阿尔伯特呈现一只小白鼠，阿尔伯特一看到小白鼠，就表现出了喜爱的神情，尝试着伸手去抓小白鼠。在阿尔伯特还没有接触到小白鼠的时候，华生突然制造出了巨大的声响，受到惊吓的阿尔伯特立刻把手缩了回来，并且露出了惊恐的表情。这个过程一共重复了三次。

一个星期以后，华生会继续对阿尔伯特做类似的实验。在多次的重复中，阿尔伯特对小白鼠产生了巨大的恐惧。即使没有了巨大的声响，只要阿尔伯特一看见小白鼠，就会号啕大哭，然后转过身体飞快地爬走，试图远离让自己恐惧的小白鼠。这个现象说明，对某种原来并不恐惧的东西产生恐惧的情绪体验，只需要一周的时间就可以培养出来。

又过了一个星期，阿尔伯特再次被华生请到他的实验室内，这次华生决定为阿尔伯特呈现一些类似小白鼠的动物，如小白兔等，想看一看阿尔伯特的习得性恐惧反应是否已经“泛化”。结果华生发现，当阿尔伯特看到小白兔后，立刻出现了恐惧的消极情绪反应。最初阿尔伯特只是低声抽泣，然后渐渐失声痛哭，同时还不断地爬着，想尽可能地远离小白兔。当华生试图让阿尔伯特用手触摸小白兔的时候，阿尔伯特把自己的脸埋在垫子里，并且恢复之前爬行的姿势，边哭边爬。

与此同时，华生开始让阿尔伯特观看白色的小狗、白色的皮毛大衣、一包白棉花以及自己头顶灰白的头发，结果发现阿尔伯特对这些东西都十分恐惧。

这个时候，华生知道阿尔伯特已经形成了习得性的情绪反应。但是，这种情绪反应的持续是否能经过时间的考验还有待实验检验。于是华生在五天之后再次把阿尔伯特请到了自己的实验室内，并且向阿尔伯特呈现积木、白鼠、白兔、白狗等物体，结果发现阿尔伯特对白鼠、白兔、白狗依然恐惧，尤其是白鼠，当看到白鼠时他会恐惧地哭泣，看到白兔时，虽然会恐惧，但是反应并不强烈。

此外，华生还考虑到环境的影响。由于阿尔伯特是在同一个实验室内接受实验的，那么如果换一个新的环境，是否会出现这种恐惧的反应呢？华生的这种考虑非常有必要，因为环境对一个人的影响十分巨大。例如，生活在寒冷地区的人，性格一般比较理智，在恋爱的时候虽然不会表现得特别热情，但是婚姻往往能走得比较长远，这是理智的习惯；而生活在炎热地区的人们，性格一般比较感性，会很容易陷入恋爱之中，但是婚姻往往很容易半路夭折。出于这种考虑，华生决定看看阿尔伯特对这些白色毛茸茸的动物以及物体在实验室以外的环境中的反应。

一天，华生把阿尔伯特带到了一个光线明亮的房间内，与之前实验室的阴暗形成了强烈的反差。而且这里除了华生之外，还有许多人，十分热闹。实验开始后，华生发现尽管阿尔伯特会对白鼠和兔子感到恐惧，但是这种恐惧的情绪反应远远没有在实验室内那么强烈。

接下来，华生想看看阿尔伯特对此类物体的恐惧会持续多长时间。但是不久之后，阿尔伯特就被人领养走了，所以实验被迫中断了 31 天。在 31 天后，华生主动找到阿尔伯特并向他呈现白色毛茸茸的物体，结果发现，阿尔伯特的恐惧反应依然存在。

这是这次实验的最后一个环节，事实上，华生还专门设计了一个情绪矫正的实验，也就是帮助阿尔伯特克服对白色毛茸茸物体的恐惧反应。例如，强制阿尔伯特接触白色绒毛状的物体，渐渐地阿尔伯特会发现，在接触白色绒毛状的物体时，并没有什么可怕的事情发生。当重复几次之后，阿尔伯特对白色毛绒状物体的恐惧情绪将会慢慢减弱直至消失，恢复到原来的状态。尽管阿尔伯特的情绪反应会恢复正常，但是过程将非常痛苦。由于阿尔伯特已经被人领养，而领养人并不同意阿尔伯特继续参与后续的实验，所以矫正的实验无法进行。

华生是行为主义心理学的代表人物之一，在此之前，心理学界一直被弗洛伊德所创立的精神分裂流派霸占。精神分裂流派认为，人们行为的动力主要来源于无意识的本能和幼年时期压抑的心理冲突。也就是说，人们的行为和情绪反应都是内在生理或本能产生的。

到了 20 世纪 20 年代，巴甫洛夫和华生用一系列实验说明，人的行为是由于外在的不同环境或情境刺激而产生的。也就是说，人的情绪反应是习得的，并不是天生的本能。总而言之，行为主义流派与精神分析流派在观点上是完全相反且水火不相容的。

在做完这个实验后，华生更加确信自己的观点，甚至还高调地说出："给我一打健全的婴儿，我可以保证把他们培养成为我所选定的任何类型的特殊人物，如医生、律师和艺术家，甚至还可以培养成为乞丐或小偷。"

华生的实验结果充分说明了两点：其一，人类的所有行为起源于学习和条件反射；其二，弗洛伊德的观点是错误的。华生的这个实验，包括所提出的观点在当时的心理学界引起了巨大的轰动，有很多人支持华生，但也有不少人反对。

关于恐惧这种情绪，人们一直在争论不休。有些人认为人类天生就具有恐惧的情绪，并且天生就对某些事物恐惧，不需要后天的习得。另外一些人则认为恐惧的情绪体验完全是后天习得的结果，所谓"初生牛犊不怕虎"就是这个意思。

恐惧的情绪并不是人类所独有的，所有生物在面临威胁的时候都会感到恐惧。与恐惧常常伴随着出现的还有恶心的感觉与体验。例如，当人们观看电影《沉默的羔羊》时，看到汉尼拔博士吃人脑的镜头，除了恐惧之外，还会有恶心的感觉。

有观点认为，恶心的感觉是人类所独有的感受，而且是在漫长的进化过程中保留下来的一种本能。恶心的感觉最早起源于对苦味的感受。人们之所以喜爱吃甜食，除了因为甜食通常不具有毒性之外，还因为甜食可以为我们的身体补充所需要的热量与能量。

在远古时代，那个时候人类被称为野蛮人，与猩猩、猴子没有多大的差别，他们十分喜爱吃甜食，并且会刻意去寻找甜食。于是，我们的味蕾就形成了钟爱甜食的本能，即使到如今，这种本能依然存在。如今的人类，特别是发达国家，之所以会出现肥胖症，就是因为酷爱甜食与肉类食物本能的影响。远古时期的人类，每天都会耗费大量的精力去寻找食物，这是一件特别消耗能量的事儿，而甜食或肉食可以帮助他们弥补耗费掉的能量。如今的人类，已经不会在体力劳动上耗费巨大的能量了，但是由于本能的影响，依然会贪婪地摄入大量的甜食或肉类，这些被摄入体内的高能量食物没有被消耗掉，自然会转化成脂肪。

人类之所以会进化出恶心的本能，是因为如果没有恶心的本能，那么当人类摄入腐烂的食物或是有毒性的食物时，会危及生命。所以恶心的本能十分必要，在摄入有害的食物之前，人们就会因为恶心的感觉而拒绝食用。

此外，人们还会对人体的各种体液感到恶心，如鼻涕、唾液、尿液乃至脓水等，还有人类的排泄物粪便也会令人产生恶心的感觉。即使粪便、鼻涕、唾液、尿液是从自己身体中排泄出去的，人们依然会对其恶心和厌恶。要知道上述这些东西在没有排出体外之前，还是我们身体的一部分。这种现象则很少出现在动物身上，例如，有不少动物就是通过嗅同类的尿液或粪便来分辨是否有外敌入侵。

人们之所以会出现这种恶心的情绪反应，是因为在粪便、鼻涕、唾液、尿液等体液中存在大量的微生物，这些微生物中有人类十分恐惧的细菌与病毒，如果人类没有恶心的感觉而肆无忌惮地去接触这些东西，被感染的概率会大大增加，一旦感染就有可能会危及生命。特别是在致命的瘟疫盛行的时候，人们尤其要远离这些东西，不然就有可能会丧命。

当然，在一些比较原始的部落并没有这种恶心的反应与体验。对于大多数国家和地区的人来说，一般不会亲吻尸体，尽管这具尸体之前是自己的亲人。但是，在非洲地区的一些部落中，则有在亲人去世后亲吻尸体的习俗，这算是一种遗体告别仪式。通常来说，如果一个人是正常死亡的话，亲吻尸体并不会带来什么致命的危险。但是在瘟疫或病毒的传播时期，这种行为则会变得十分危险。非洲出现的一种危险的病毒埃博拉，在非洲各国的传播速度非常快。之所以会传播得这么迅速，除了非洲的医疗条件比较落后以及非洲炎热的气候之外，还有一个十分重要的原因，那就是亲吻尸体的告别仪式。所以，当地政府为了避免埃博拉的进一步传播与扩散，不得不强行下令禁止因感染埃博拉死亡的病人家属举行亲吻尸体的告别仪式。

虽然细菌与病毒这类微生物极其微小，无法被肉眼识别，但是它具有的破坏性威力不逊于洪水猛兽。所以，人类自然会对病毒和细菌等微生物存在天然的恐惧与厌恶，这种感受是人类祖先在进化过程中经过漫长的积累而逐渐形成并深深烙印在我们本能中的反应，它在教我们采用远离危险的方式来保护自己。对于一些处于食物链底端的动物而言，往往成群生活，早期的人类也不例外。当一只狮子因为饥饿盯上水牛时，它只会杀死一群水牛中的一头来充饥。但是如果这群水牛遭遇了瘟疫，那么所有水牛都有可能死亡。由此可见微生物的可怕之处。

从这方面来看，华生实验所得出的结论是错误的，恐惧以及厌恶等情绪是人的本能之一，是漫长进化的产物。如果说恐惧是后天形成的，那么也就是说如果后天条件允许，人类将不会有恐惧的情绪。这将会给我们的生活带来巨大的混乱。

例如，《沉默的羔羊》中的汉尼拔就是一个缺乏恐惧情绪的人。汉尼拔是典型的反社会人格障碍，属于人格障碍的一种类型。具有这种人格障碍的患者，不仅具有很高的攻击性，而且对恐惧的感知力极其微弱。

有心理学家还专门研究了反社会人格障碍罪犯与普通罪犯之间的区别。结果发现，这些罪犯通常极度缺乏感受恐惧的能力，而具有反社会人格障碍的罪犯在识别厌恶或恶心的时候十分差劲，普通罪犯则可以轻易识别恶心。这也就说明了汉尼拔为什么可以从容不迫地杀人，并且采用优雅的姿态吃人，且不会出现反胃的感觉，因为他缺乏普通人所具有的感知恐惧和恶心的能力。

当然，除此之外还有一种观点，那就是情绪反应的出现是由本能与后天习得共同决定的，这种观点源于人类所具有的高度可塑性。

人类能够在激烈的物种竞争中脱颖而出，一跃成为食物链上的终结者，大脑的进化起到了不可忽视的巨大作用。虽然在地球上，不同的人种之间有许多不同之处，但是还有很多共同点，而且人类还是个体间相似度最高的一个物种，高达99%。其中关键的一点是，人类的大脑明显比其他动物大。

对于60公斤的哺乳动物而言，平均脑容量是200立方厘米。但是对于人类来说，早在250万年前平均脑容量就已经达到了600立方厘米。而对于现代智人而言，平均脑容量则高达1200~1400立方厘米。被淘汰掉的人种尼安德特人的脑容量更大。

巨大的脑容量的确给人类的思考提供了生理基础，但是也造成了巨大的负担。我们需要进化出巨大的头骨来容纳大脑。最重要的是，大脑所消耗的能量十分惊人。对于现代智人而言，我们的大脑虽然只占身体总重量的2%~3%，但是却会消耗25%的能量，而且这还是在身体处于休息状态、不活动的情况下。

巨大的能量消耗负担需要人类花费大量的时间寻找食物补充能量，这对于现在的人们来说是不成问题的，但是对于远古时代的人类而言却是头等大事且非常令人头疼。除此之外，这种情况还会使人类的肌肉出现退化、萎缩。这对于远古时代的人类而言可不是什么好事情，肌肉的退化、萎缩会使他们的战斗力急剧下降，以至于更难在恶劣的环境下生存。

除了巨大的脑容量之外，人类还具有一个大多数动物所没有的特点，那就是可以直立行走。在人类学会直立行走之后，不仅把自己的前肢（也就是手）解放出来，变得更加灵活，可以制造一些工具，还使自己的视野更加开阔。直立行走给人类带来便利的同时也给人类带来了意想不到的痛苦，人类因此比较容易患脊椎等方面的疾病。

对于女性而言，巨大的脑容量与直立行走会带来更大的困难与危险，这种困难与危险来源于繁衍后代。直立行走使得人类的臀部变窄，骨盆和产道的宽度都因此受到限制。关键在于，婴儿的脑容量还比一般动物的大。在没有出现剖腹产技术之前，分娩不仅会给女性带来巨大的痛苦，还可能会导致死亡，就如同俗话所说的“妇女生孩子，就如同过鬼门关，一只脚在人间，一只脚在阴间”。

当然，人类也有相应的应对办法，为了保证新生儿的存活率（对于早期人类而言，如果新生儿失去了母亲，就意味着死亡，因此才有幼年丧母是人生三大悲哀之一的说法）以及女性能够繁衍更多的后代，人类选择了提早生产。因为这样婴儿的头部不仅比较小，而且柔软，母亲更容易渡过分娩的难关，在生孩子之后存活下来。

这样一来，所有人类都是早产儿，在出生之后许多重要的器官都发育得不够完善。例如，许多动物一生下来就会走路，获得独立生存能力所花费的时间也比较短，而人类的婴儿则比较“蠢笨”，需要经过长达十几年的抚育才可以独立生存。

这种特性就意味着人类比其他动物具有更大的可塑性，由于人类出生的时候尚未发育完全，那么就可以通过后期的教育和社会化来加以改变与塑造。

对于大多数动物而言，从它们脱离母亲子宫的那一刻起，就像是已经上釉的陶器出了窑，后天想要改变，就会出现刮伤或碎裂的危险。但是人类在脱离母亲子宫之后，就好像从熔炉里拿出了一团刚刚熔化的玻璃一样，可以塑造成各种不同的形状。这个过程就相当于在本能的基础上进行后天的习得。

尽管华生的这项实验对心理学的发展产生了深远的影响，但是颇受人们诟病。因为华生在做实验的时候没有考虑到被试阿尔伯特的心理健康问题，阿尔伯特无辜受到了伤害。在阿尔伯特以后的人生中，将会恐惧任何白色绒毛状的物体，这种引起恐惧情绪的条件反射或许将伴随阿尔伯特的一生。例如，对于欧美国家的小孩子而言，圣诞老爷爷是慈祥的形象，但是在阿尔伯特的心里，圣诞老爷爷的白胡子会让他恐惧不已。

约翰·华生，美国著名心理学家，行为主义流派的创始人，于1915年当选为美国心理学会主席，开始致力于研究行为主义心理学的理论与实践、情绪条件作用和动物心理学。

华生认为心理学的研究对象应该从意识转向行为，主要研究行为与环境之间的关系，心理学的研究方式也必须从内省法转向自然科学经常采用的实验法和观察法。总而言之，华生的行为主义流派使得心理学开始朝着客观方面发展，并且对美国的心理学产生了巨大的影响。后来，华生与自己的女学生兼助手雷纳发生了婚外恋，被迫离开霍普金斯大学与心理学界，开始投身商业广告领域，并把行为主义心理学应用到商业广告中，取得了出色的成就。

温馨提示

华生用他的实验告诉我们，我们完全可以被环境所塑造，只要控制好环境这一因素，一个人就可以朝着我们想要的方向发展，也就是说华生强调环境对人的重要性。行为主义流派主张通过人的行为去了解人的心理或者是通过人的行为改变人的心理。例如，父母可以通过婴儿所出现的面部表情来了解婴儿的内心世界；或者通过训练孩子养成良好的行为习惯，以保障孩子心理的健全。

由于行为主义的心理疗法比精神分裂流派更直接和更有效，所以在当时包括今天依然有不少人很喜欢行为主义。但是，行为主义把人类心理或意识解释得过于简单化了，要知道一个人尤其是成年人，某个行为的背后往往会存在着许多不同的动机。

一个生理学家的心理实验
——经典条件反射实验

经验说：人是有思想的高等生物，我们的思维活动错综复杂、神秘莫测。

实验说：我们的一切思想和知识都是建立在动物本能基础上的条件反射。

俄国生理学家伊凡·彼德罗维奇·巴甫洛夫在研究狗的消化系统时，为了搞明白唾液在消化中的作用，和实验助手决定把各种可食用或不可食用的东西放入狗的嘴里，然后观察狗所分泌唾液的数量和比例。巴甫洛夫为了能更精准地测量狗所分泌的唾液，就给狗做了一个小手术。在狗的面部划开了一个小口子，然后插入一根导管，这根导管的作用就是用来收集狗所分泌的唾液。

在实验中，巴甫洛夫发现每到他给狗喂流质食物的时候，狗就会分泌很少的唾液；但是如果巴甫洛夫给狗喂比较干燥的食物时，狗就会分泌较多的唾液。巴甫洛夫认为狗的这种唾液分泌的行为实际上是一种反射，是对一种特定刺激自动产生的反应，不需要经过学习就会。这种反射不仅出现在狗身上，人也一样。例如，当我们想到或看到柠檬这样的酸性食物时，就会不由自主地立刻分泌唾液。

在研究狗的唾液之前，巴甫洛夫发现当把食物放到狗的胃里时，狗的胃壁就会分泌胃液以促进食物的消化。一系列的研究表明，胃液分泌的数量和持续的时间，会随着放入胃里的食物的种类和数量而出现变化。巴甫洛夫为了更加精准地测量狗胃部发生的变化，就以精湛的外科手术，让狗的胃一部分外露出来。巴甫洛夫在手术中将狗胃的一部分组织切开，接着在躯体的一边开一个洞口，外面再连接上一个囊袋。这样一来，狗就相当于有了两个胃。其中一个胃是原来的胃，这个胃的绝大部分组织依然在起着它的基本作用；另一个胃就是巴甫洛夫用手术连接在外面的胃，体积比较小，也被称为巴甫洛夫囊袋，这个囊袋的内部是实验者可以观察到的。

在实验中，巴甫洛夫发现，囊袋中胃液分泌的情况与胃的分泌活动完全一样。根据这一实验现象，巴甫洛夫得出了一个结论，即动物都有一种固有的生理反射，这种反射会以一种非常精确的方式，根据胃里食物的种类和数量进行胃液的分泌。

胃液分泌的结论与唾液分泌的结论相一致。因为狗在分泌唾液的时候，通常取决于嘴里食物的种类和数量。例如，当往狗的嘴中放入食物时，狗就分泌出一种稠的唾液以开始消化的过程。但是，如果往狗的嘴中滴入一点酸液的时候，狗就会分泌大量淡的唾液以稀释酸液。

在之后的实验中，巴甫洛夫发现了一个用生理学知识难以解释的现象。每当巴甫洛夫把食物放到狗嘴里之前或是狗闻到食物的味道之前，狗就已经开始出现了分泌唾液的现象。在经过一段时间的实验后，狗往往会在没有任何消化刺激的情况下分泌唾液。例如，当巴甫洛夫只给狗呈现喂食的容器时，狗也会分泌大量的唾液；或是狗听到巴甫洛夫的脚步时也会出现分泌唾液的现象。

身为一名生理学家的巴甫洛夫很难解释这种意料之外的实验现象，想要找到问题的答案，巴甫洛夫就不能仅仅局限于生理学方面，而是应该去心理学的领域中寻找答案。这对巴甫洛夫来说是一个两难的选择，毕竟在生理学方面他是一个权威，不仅是俄国著名的生理学家，而且还在消化领域的研究上荣获诺贝尔奖。如果这个时候，巴甫洛夫选择从生理学领域转移到心理学领域，对他来说将是一个非常冒险的尝试。

巴甫洛夫本人曾经用这样一段文字来表达自己身为一名生理学家在研究大脑时所面临的困难：“由于生理学的研究是建立在物理学和化学的基础上的，所以从逻辑上讲，生理学领域中对生物行为的分析是更先进、更精确的。但是如果我试着开始研究心理学，那么我们的研究将会建立在并不精准的学科上。事实上，心理学到底是否是一门自然科学，或者是否应该被看成一门科学，仍然备受争议。”在巴甫洛夫所生活的时代，心理学刚刚从哲学中脱离不久，是一门新兴的学科。现在，心理学除了被认为是一门科学之外，还被认作是一门横跨自然科学与社会科学两大领域的学科。

最终，巴甫洛夫决定从心理学的角度开始研究这种特殊的现象，这是因为他得到了一位热心而具有公益精神的莫斯科商人的资助，这样一来，巴甫洛夫就可以为自己的实验研究建立一个特殊的实验室。这个实验室是隔音的，可以让被试狗和实验者以及实验过程中的所有额外刺激完全隔离开来。在这个实验室内，实验者可以做到只给狗一个单独、特殊的刺激，从而排除实验者和狗因为直接接触而对实验数据产生影响，这样巴甫洛夫就可以记录下最精准的数据并且得出令自己信服的结果。

在实验进行之前，巴甫洛夫提出了一个理论假设，即在实验室中狗从以往的经验中得知在某种信号出现之后就会有食物，从而会出现期待食物出现的反应，也就是即使没有吃食物也会分泌唾液。而这个信号刺激事实上并不具备自然引起分泌唾液的条件，狗之所以会分泌唾液，完全是因为狗把这种信号与食物联系在一起了。

巴甫洛夫也因此提出了两种不同类型的反射行为。第一种是无条件反射，这是生物先天就拥有的能力，不需要经过后天的努力学习。例如，当我们食用一些比较干燥的食物时，就会自动分泌出大量的唾液。第二种是条件反射，与无条件反射正好相反，是通过后天经验或学习获得的。例如，在饥饿的时候，只要想到美食或闻到食物的香味就会分泌唾液。

实验开始后，巴甫洛夫将一条狗用一副套具固定住，而连接在狗脸部的管道专门用来收集狗的唾液，管道连接到一个既可以测量以立方厘米计的总量，也可以记录下分泌滴数的装置上。巴甫洛夫为了使狗能对某一种刺激（如铃声）形成条件作用，就把原来实验中只引起探索性反射的中性刺激（也就是铃声）与无条件刺激（也就是食物）联系在一起。

这样一来，铃声就会变成条件刺激。渐渐地，只要铃声一响，即使没有食物，狗也会分泌出唾液，这一过程就是条件反射。也就是说，条件反射的形成仅仅是条件刺激与无条件刺激相互产生联系的结果。

在实验过程中，巴甫洛夫发现如果在给狗提供食物的同时反复给出一个中性刺激，也就是并不会自动引起唾液分泌的刺激，即实验中的铃声，那么这条狗就逐渐学会在只有铃声但没有食物的情况下分泌唾液。一个中性的刺激与一个原来就能引起某种反应的刺激相互联系，就可以让动物学会对那个中性刺激做出反应。

想要形成经典条件反射就必须加入四个事项，其中两项属于刺激，另外两项属于机体反应。在刺激中，有一个是中性刺激，也可以称为条件刺激，另一个是无条件刺激。中性刺激需要经过后天的学习；无条件刺激在中性刺激形成之前就已经有了，也就是一种本能。两种机体反应中，一种是无条件反应，另一种则是条件反应。无条件反应是对无条件刺激分泌出唾液，这是在形成任何程度的条件反射之前都会出现的反应。条件反应则是在建立在条件反射（被铃声刺激）的基础上而开始产生的反应（分泌唾液）。条件反应在实验中的表现就是狗即使没有食物，只要听到铃声就会分泌出唾液。

当条件刺激和无条件刺激在空间和时间上紧接着反复出现多次，那么就会形成条件反射。通常需要无条件刺激紧跟着条件刺激出现，条件刺激必须依靠无条件刺激。当条件刺激和无条件刺激伴随着多次出现以后，条件刺激就会引起唾液的分泌，这个时候，动物就有了条件反射，一个中性的条件刺激（铃声）即使单独出现，也可以引起条件反射（分泌唾液）。

条件刺激或中性刺激与无条件刺激在时间上相互联系的过程被称为“强化”。强化的次数越多，条件反射就会越牢固。

当然，条件刺激并不仅仅局限于巴甫洛夫实验中所使用到的听觉刺激。一切来自体外的有效刺激都可以和无条件刺激在时间上相互联系在一起并且形成强化，最终形成条件反射。

当一种条件反射被强化多次以后，可以再和另外一个新的刺激与条件反射相互结合，从而形成第二级的条件反射。与此同理，第三级的条件反射也需要经过这样的过程。总而言之，在人的身上可以建立起多级的条件反射。

与条件反射的强化相反的是条件反射的抑制，只要条件刺激不被无条件刺激强化，条件反射就会消退、抑制和分化。当条件反射建立以后，如果只给予条件刺激而不与无条件刺激相互联系，那么条件反射的反应强度就会逐渐弱化，最终完全消失。例如，在实验中，狗在铃声这种条件刺激和给予食物这种无条件刺激的相互联系中，形成了只要听到铃声就会分泌出唾液的条件反射。这个时候，如果实验者只给狗提供铃声这种条件刺激，而不给食物进行强化，那么反复进行过几次以后，因为铃声而引起的唾液分泌量就会越来越少，直至没有唾液分泌，也就是条件反射的消失。而消退的速度与强化密切相关。强化次数越多，那么条件反射就会越巩固，消退的速度就会越慢；相反，强化的次数越少，那么条件反射就越不稳定，消退的速度就会越快。

对于条件反射抑制，巴甫洛夫给出的解释是，强化可以使大脑皮质产生兴奋，但是抑制却使这种兴奋感渐渐消失了。巴甫洛夫还指出，消退抑制是大脑皮质产生主动抑制的过程，与条件反射的消失或中断没有关系。

因为如果将已经消退的条件反射搁置一段时间后，这种条件反射还可以自然恢复。如果以后条件刺激可以得到重新强化，那么条件反射就会以很快的速度恢复。这充分说明条件反射的消退不是原先已形成的暂时联系的消失，只是受到了抑制而已。

在条件反射建立之初，除了条件刺激本身之外，与此刺激相似的刺激会多多少少具有条件刺激的作用，这种现象被称为“条件反射泛化”。例如，在实验中用 500 赫的音调与食物相互联系，进而建立起唾液分泌的条件反射。在条件反射建立的初期阶段，许多其他音调也可以让狗出现唾液分泌的条件反射。这些音调与 500 赫的音调相差越大时，所引起的条件反射作用就会越小。

想要使条件反射泛化的现象消失，就需要只对条件刺激进行强化，而对类似的刺激不给予强化。例如，在实验中，只有出现 500 赫的音调后才会得到食物，其他类似的音调都不会得到食物。渐渐地，狗只有当 500 赫的音调出现时才会分泌唾液。

除了条件反射泛化的现象之外，还有一种被称为“条件反射的分化”的现象。在实验中，狗只对经常受到强化的条件刺激（500 赫的音调）产生条件反射（唾液分泌），而对其他类似的条件刺激则出现了抑制作用。这便是条件反射的分化。

巴甫洛夫的条件反射理论让他成为世界级的名人，几乎所有人都知道在俄国有一个叫巴甫洛夫的人通过训练，让狗听到铃声就不由自主地分泌大量的唾液。但是很少有人知道，巴甫洛夫曾经在自己亲弟弟的身上做过类似的实验。

一次，巴甫洛夫和父母还有弟弟一起参加一个宴会。巴甫洛夫的弟弟尼古拉是一个帽子设计师，当时正失业在家。尼古拉和巴甫洛夫的关系并不好，所以尼古拉十分嫉妒大名鼎鼎的哥哥，以至于后来直接把嫉妒发展成为赤裸裸的厌恶。

在宴会上，巴甫洛夫说起了他正在进行的研究，并且告诉大家他准备在狗的身上进行唾液分泌的条件反射实验。在巴甫洛夫说话的时候，尼古拉并没有认真听，而是正在喝汤，并且发出了很大的声响，对于弟弟这种不礼貌的举动，巴甫洛夫十分恼火，于是就把“狗”说成了“脏狗”。巴甫洛夫还没有说完，他的妈妈就打断了他：“你拿脏狗做实验研究，还不如找你弟弟和你一起去，你弟弟的嘴巴最馋了，谁的口水也没有他的多。”

对于妈妈所提出的要求，巴甫洛夫表示很为难：“妈妈，我自己的工作知道该怎么做。”巴甫洛夫的妈妈不客气地说道：“但是，你的决定会使你失业的弟弟继续待在家中，却把工作的机会留给了那些你并不认识的脏狗。”

面对不讲理的母亲，巴甫洛夫只好向父亲投去求助的目光。但是，巴甫洛夫的父亲希望家和万事兴，并不想得罪巴甫洛夫的母亲，就附和道：“我觉得这是一个不错的主意。你们兄弟俩正好多花点时间在一起培养培养感情，而且在工作中还可以互相帮助。”

巴甫洛夫只好同意让尼古拉参与到自己的实验中。但是在实验还没开始，两人就已经看不惯对方。就连巴甫洛夫的助手都看得出来，这兄弟俩之间并没有所谓的兄弟情，反而是满满的厌恶。对于尼古拉而言，他并不想做一只小白鼠。但是在巴甫洛夫看来，尼古拉甚至连一个合格的动物实验品都算不上，通俗点讲就是连一条狗都不如。

巴甫洛夫和尼古拉在选择一个能让尼古拉有食欲且会流口水的盘子时，就开始争吵。而在讨论选择什么食物作为实验的辅助材料时，两人再一次争吵起来。尼古拉坚持选择上好的鱼子酱，只有这种食物可以让他立刻流出口水。但是，巴甫洛夫却对他的弟弟说：“科学家的研究是为了崇高的理想，不是为了赚钱。我自己都吃不起鱼子酱，怎么可能拿这么贵重的东西喂狗。”由于鱼子酱实在太昂贵，最终只好选择了烤面包片。

在实验刚开始的两天，巴甫洛夫会在响铃后就给弟弟一盘面包片。在这两天的实验日志中，巴甫洛夫写道：“我弟弟就像屁股上的脓包一样让人厌恶。但值得一提的是，他是个不错的实验品，因为他分泌唾液的反射非常好。”

到了实验的第三天，巴甫洛夫按照实验的步骤继续进行，像往常一样响铃，但是却只给了尼古拉一个空盘子，根本没有面包。按照推理，尼古拉的反应应该是流口水。但实际上却是尼古拉给了哥哥一拳，把巴甫洛夫打进了医院。

母亲得知巴甫洛夫住院后就去看望儿子，但是她不仅没有安慰儿子，反而责备道：“你做的是什么狗屁实验，既然响铃了就应该给尼古拉吃的，你又不是不知道你弟弟饿肚子的时候像疯子一样没有理智。”

在哥哥住院期间，尼古拉的生活过得十分忙碌，在圣彼得堡的各个酒吧和咖啡屋都能找到他的足迹。尼古拉看到一个人就对他说：“你不知道我所参加的实验多么令人惊奇。”后来，尼古拉接受了《圣彼得堡日报》的采访，在采访中尼古拉夸夸其谈起来：“在实验中我在仔细流口水的时候，巴甫洛夫只知道傻傻地摇着铃铛。我已经完全代替了巴甫洛夫的地位，他只是一名记录者，而我才是整个实验的指导者。”尚在医院养病的巴甫洛夫不久后就读到了这份报道，巴甫洛夫一气之下，未经医生的允许就跑回了实验室。

这一次的实验中，巴甫洛夫找到了一条狗代替弟弟作为被试。而巴甫洛夫和弟弟之间的关系也因此而更加恶化，兄弟两人甚至没有再说过话。有一次，巴甫洛夫接到了一份辱骂自己的电报，他认为这一定是弟弟发的。

后来，巴甫洛夫获得了诺贝尔奖。在获得诺贝尔奖的致谢词中，他感谢了上帝、他的实验助手，甚至还提到了实验中的那条狗，但是并没有提到尼古拉。

直到如今，巴甫洛夫的经典条件反射实验的重要价值也是不可估量的。研究心理学的后辈们，尤其是行为主义流派，应该十分庆幸当初巴甫洛夫做出改变研究方向的选择，这对巴甫洛夫来说虽然颇具风险，但是对于心理学的进步以及对人类行为的理解，都是一个值得庆幸的选择。

在巴甫洛夫公布研究结果后不久，心理学的一个新的流派——行为主义就诞生了。行为主义流派的创始人华生，主张人类的一切行为都应该以经典条件反射为基础。在当时，华生的这种观点由于太过极端，并不被美国人所接受。但是在俄国，以经典条件反射为基础的理论却占据了统治地位，而且这种统治地位还维持了相当长的时间。后来，巴甫洛夫的名字和他的经典条件反射实验以及理论在流行文化中都被广泛接受，例如，在一首摇滚歌曲中有这样一句歌词："像巴甫洛夫的狗一样流着口水。"

巴甫洛夫还把经典条件反射理论应用到解释毒品注射过量引起死亡的现象中。例如，当一个吸食毒品的人来到一个陌生的环境中注射毒品，很容易引起死亡。死亡的原因通常就是毒品注射过量。可是问题在于，这个人平时注射毒品的剂量要远远高于他死亡前的注射剂量。也就是说，一个对毒品有着很强抗药力的吸毒者怎么会在一剂药液尚未注射完就死于药物过量了呢？巴甫洛夫给出的解释是，当个体预感到毒品的药理学作用时，他对毒品的耐药性就会提高。

西格尔在实验室内通过引发老鼠对海洛因的抗药力来验证巴甫洛夫的解释。西格尔通过经典条件反射作用，使老鼠在一种情景中预期注射了海洛因，而在另一种情景中预期注射了葡萄糖溶液。在实验的第一阶段，西格尔会让所有老鼠都对海洛因形成抗药力。在实验的第二阶段，让所有老鼠都接受测试，也就是让所有老鼠都接受了比平时更大的药量，几乎是原先注射海洛因剂量的两倍。

在测试的过程中，其中一半的老鼠是在熟悉的环境（也就是在接受海洛因注射的情景）中接受大剂量的海洛因注射；而另外一半的老鼠是在陌生的环境（也就是在接受葡萄糖溶液注射的情景）中接受大剂量的海洛因注射。实验结果显示，在接受葡萄糖溶液注射的情景中接受大剂量海洛因注射的老鼠的死亡率是 64%，而在海洛因情景中接受大剂量海洛因注射的老鼠的死亡率是 32%。

实验中所出现的现象同样也会发生在人身上。西格尔和他的同事还专门访问了一些对海洛因成瘾的人，他们曾经因为药物过量而濒临死亡的边缘。在接受访问的人中，十例中就有七例表示是在新的或不熟悉的环境中用过海洛因。

因此，西格尔认为，毒品的使用环境是一种条件刺激物，个体会通过阻止毒品所具有的常规效应来保护自己。当一个人吸入或注射毒品时，毒品会带来某种生理反应，这些反应就是身体试图重新建立体内动态平衡而发生的毒品对抗反应。身体对毒品的对抗反应实际上就是无条件反射。随着时间的推移，这种对毒品的对抗反应就变成了条件反射。也就是说，当吸毒者经常在一个环境中吸食毒品的时候，那么这个环境和毒品之间就会建立起某种联系，身体对药物的预期效应就会做好生理准备。因此在这个熟悉的环境中，吸毒者的身体需要消耗一定量的药物才能克服这种对抗反应，才能感觉到毒品的药物作用，渐渐地加大毒品摄入剂量。总而言之，吸毒者在熟悉的环境中形成的克服抗药力的剂量也许就是另一种陌生环境中的过量剂量。这个时候，最容易因为摄入毒品过量而死亡。

狼这种肉食性的动物对于牧场主来说十分头疼，因为狼总会捕食牧场主的家畜，从而造成一定的经济损失。20 世纪 70 年代初期，牧场主开始尝试把巴甫洛夫的条件反射运用到解决狼吃家畜的问题中，不需要通过捕杀狼，就可以让狼远离家畜。

首先，牧场主给狼吃一些含有少量氯化锂的羊肉（这相当于无条件刺激）。虽然少量的氯化锂不会让狼丧命，但是却会引起不适。当狼吃了这些特制的羊肉后，就会感觉到头晕和恶心，甚至还会伴随着呕吐（这相当于无条件反应）。

等狼的这种不适的感觉消失后，牧场主就会把狼和羊关在一起。狼看到羊之后会想要吃羊（相当于条件刺激），但是等狼靠近羊的时候就会闻到一股气味，这个时候狼就出现了远离羊的举动（条件反射已经出现）。等牧场主把围栏打开之后，狼就会逃出去。

伊凡·彼德罗维奇·巴甫洛夫，俄国著名生理学家、心理学家、医师，同时还是高级神经活动学说的创始人，高级神经活动生理学的奠基者，条件反射理论的建构者，对心理学的发展产生了重大的影响，曾经荣获诺贝尔生理学奖。

虽然巴甫洛夫的经典条件反射实验对心理学产生了重大影响，但是巴甫洛夫本人并不愿意做一名心理学家。相反，他自认为是一名严谨的自然科学家。此外，巴甫洛夫还十分反对当时的心理学，反对过分强调“心灵”“意识”等看不见、摸不着的仅仅依靠主观臆断推测而得到的东西。巴甫洛夫甚至还威胁说，如果有人胆敢在他的实验室内使用心理学术语，那么他就会毫不留情地开枪将此人击毙。

巴甫洛夫在弥留之际，曾经有人敲门想要进来看看他，但是巴甫洛夫却拒绝了：“巴甫洛夫很忙。”这或许也是巴甫洛夫的遗言。那么，巴甫洛夫把自己关在屋子里到底忙些什么呢？是忙着写遗嘱、分财产或交代后事吗？还是忙着继续做研究？忙着向上帝祈祷？忙着回顾自己精彩的一生？忙着乞求医生延长自己的生命？

都不是，巴甫洛夫在忙着死亡，他在静候死亡的来临。在生命的最后一刻，巴甫洛夫一直密切关注着越来越糟糕的身体状况，并且不断地向坐在身边的助手叙述有关生命衰变的感觉，因为巴甫洛夫要为他一生挚爱的科学事业留下更多的第一手材料。

巴甫洛夫这种面对死亡所表现出来的镇定、豁达与无畏让人充满敬意，同时他对科学事业的无私也让人深深折服。在巴甫洛夫看来，对于一切有生命的机体而言，生与死既是矛盾的，也是相互依存的。有生必有死，有死必有生，这是需要坦然接受的自然规律。

温馨提示

巴甫洛夫认为学习就是大脑皮层暂时性神经联系的形成、巩固与恢复的过程。所有的学习都是联系的形成，而联系的形成就是思想、思维与知识，这里所指的联系就是暂时性神经联系。巴甫洛夫所提出的经典条件反射理论揭示了人和动物学习的最基本机制。也就是说，我们的一切教育、学习、训练和习惯，都是一系列的条件反射。

鸽子也迷信
——操作性条件反射实验

经验说：我们的意志支配我们的行为。

实验说：强化与惩罚塑造我们的行为。

作为一名激进的行为主义者，伯尔赫斯·弗雷德里克·斯金纳认为不论是公开的或外部的行为，还是隐藏的或内部的行为，都是对心理现象本质的反映。在某种特殊的情况下，个体的行为都有可能会伴随着某种后果。例如，受到赞扬或批判等。如果这个行为所引起的后果是积极的，后果就会起到强化物的作用，那么就会使个体的行为在类似的情况下，得到重复。相反，如果个体的某种行为产生了消极的后果，如受到了惩罚，那么个体就会在类似的情况下尽量少出现这种行为，这个后果所扮演的角色就是"惩罚"。根据这个理论，斯金纳提出了"操作性条件反射"。

在操作性条件反射中，行为与环境相互作用的结果分别被称为"强化"与"惩罚"，这是两个最基本的心理过程。在某种环境中，出现某种行为引起了好的结果，此行为就会被重复强化学习。相反，在某种环境中，出现某种行为引起了坏的结果，此行为就会因为惩罚而遭到抑制。

操作性条件反射的理论还可以解释习得行为消失的现象。当某种行为被强化后，强化物如果没有再出现，那么该行为再次发生的频率将会渐渐降低。例如，一个人的某种行为得到了奖励，而当这个人再次出现该行为的时候却没有得到想象中的奖励，那么该行为将不会再出现。也就是说，强化物的消失将会对行为的出现产生抑制作用。

斯金纳所提出的操作性条件反射理论受到了大多数人的质疑。因为，许多人认为这种观点有点极端。于是，斯金纳决定用实验来证明自己的理论。在该实验中，斯金纳使用了鸽子这种低等的生物，目的是证明人类所独有的迷信行为很容易通过操作性条件反射的原理来解释。正如斯金纳所说的："如果你认为迷信是人类特有的行为，那么我将给你一只迷信的鸽子。"

在实验中，斯金纳发明了一个十分重要的道具，被后人称为"斯金纳箱"，但是斯金纳本人却给这个特殊的箱子起名为"条件反射箱"。条件反射箱的制作首先需要一个空箱子，然后需要往箱子里面放进一个用来盛食物的碟子或托盘。在早期实验中，斯金纳曾用老鼠来做实验。当时，箱子中还有一个特殊的装置，也就是一根控制杆，如果按下控制杆，那么食物就会自动出现。斯金纳通过控制食物来强化老鼠的行为，也就是说，食物是作为一种强化物而存在的。

当老鼠被放进条件反射箱时，会偶然发现，只要它按下控制杆就可以获得食物，于是老鼠就通过多次的尝试学会了按压控制杆获得食物的方法。斯金纳在拿鸽子做实验的时候，对条件反射箱做了一个大改动，把主动权掌握在实验者手中，撤掉了控制杆，由实验者给鸽子派送食物，因为这一次实验的目的是研究迷信。

在条件反射箱内，鸽子不论做什么，都将每隔 15 秒获得一次食物。也就是说，鸽子的行为与获得食物的强化之间并不存在关联性。

参加这次实验的鸽子一共有 8 只，为了达到预期的实验效果，所有鸽子都需要接受连续几天的少量进食，虽然不至于饿死，但是一直处于饥饿的状态。斯金纳这么做的原因是让鸽子在参加实验的时候可以保持饥饿的状态，从而使鸽子寻找食物的动机得以加强。

因为实验要持续好几天的时间，所以鸽子需要每天在条件反射箱内待上几分钟的时间，并且每隔 15 秒就会出现食物，而且鸽子的行为也不会受到任何限制。斯金纳的工作就是观察箱子内鸽子的行为并进行记录。

斯金纳通过观察发现，实验中的 8 只鸽子中有 6 只都出现了非常明显的反应。一只鸽子形成了逆时针转圈的条件反射行为，在食物出现的间隔时间内，鸽子通常会转两到三圈。这只鸽子似乎认为，只要自己转圈就可以获得食物。另一只鸽子则出现了反复将头伸到箱子上方的行为，似乎这样做可以获得食物。第三只鸽子则出现了反复抬头的动作。还有两只鸽子会使自己的头部和身体呈现出一种钟摆的动作，它们将头部向前伸，然后从左边向右边进行快速的摆动，与此同时它们的身体也在进行类似的摆动。最后一只鸽子出现了用嘴啄击地面的动作，但是却不会让自己的嘴和地面直接接触。

总而言之，这些鸽子建立起了条件反射。在鸽子看来，它们做这些动作就可以获得食物，也就是说这些鸽子迷信了，它们不知道自己的动作与获得食物之间毫无联系。这项实验结果已经充分证明了斯金纳的操作性条件反射的理论。

但是，斯金纳却想到了另一个问题，那就是如果提供食物的间隔时间被拉长，这些鸽子会做出什么样的行为？为了获得答案，斯金纳决定用其中一只摇头的鸽子来做实验。

在实验中，斯金纳把获得食物的间隔时间延长到 1 分钟，然后开始观察鸽子的行为。结果，斯金纳发现鸽子的摇头行为变得更加夸张，似乎已经由简单的摇头变成了跳舞。因为 1 分钟相对于 15 秒来说，有足够的时间让鸽子完成舞蹈动作，斯金纳把这种舞蹈起名为“鸽子用餐舞”。

接下来，斯金纳就开始进行“消退”实验。在实验中，给予食物的强化将会消失。由于没有了强化物，鸽子的迷信行为将会渐渐消退，直至完全消失。值得注意的是，那只跳舞鸽子迷信行为的消失比其他鸽子更困难。

斯金纳是美国新行为主义的代表人物，他的鸽子或老鼠实验不仅广为人知，同时也让人们看到了“报酬”与“强化”对塑造行为的巨大影响力。斯金纳认为，人类向来重视的“自由意志”事实上并不存在。斯金纳主张通过正强化的作用来训练人类或动物完成指定的任务，即利用操作性条件反射的原理。事实上，斯金纳毕生都在研究并完善操作性条件反射的原理。

在许多人的眼中，斯金纳是一个残忍的学者。有人专门调查过 20 名心理学专业的大学生对斯金纳的看法。结果，有 15 名大学生用“恶毒”的字眼来形容斯金纳。这些人之所以这么认为，是因为斯金纳对心理学尤其是操作性条件反射的理论极度狂热。不只拿鸽子和老鼠做实验，甚至还把自己的女儿当作了实验品，将女儿放入一个实验箱内，像训练动物一样训练女儿学习各种技能。

斯金纳用箱子、按钮等材料组成实验装置，在遵循严格规则的情况下给予女儿强化物，并且操控女儿的行为，人性在斯金纳这儿似乎显得微不足道。这个实验给斯金纳的女儿带来了巨大的精神伤害。等女儿长大后，开始向法庭控告父亲的虐待，但是最终败诉了。也就是说，斯金纳用操作性条件反射理论把女儿变成了一个神经病。

但事实上，这只是人们对斯金纳的误解，或是那些试图攻击操作性条件反射理论的人编造的一个谎言。后来，斯金纳的女儿还亲自站出来为父亲澄清这一事实，并且当众表示她很感谢父亲让她更健康地成长。事实上，斯金纳的女儿不仅事业有成，而且心理也很健康。

斯金纳的确在女儿幼年的时候为女儿设计过一个特殊的婴儿箱，并且还专门发表文章介绍这种婴儿箱的好处。但是，由于人们对斯金纳所进行的动物实验以及那个所谓的斯金纳箱的印象太深刻，所以对所谓的婴儿箱难免先入为主地认为这是一个没有人性、强化训练的工具。

在斯金纳所发表的文章中，他采用一种几乎是为家庭主妇照料孩子支招的口吻来和父母们分享自己的经验。这个婴儿箱的主要功能并不是为了训练孩子形成某种行为，而是为了让斯金纳夫妇可以更方便地照顾孩子。这个婴儿箱和普通的婴儿床并没有太大的区别，只是多了恒温的功能以及在四周加装了一些较高的防护板而已。

而且，斯金纳在设计这个婴儿箱的时候，主要考虑的是这种装置是否有利于孩子的身体和心理健康的发展，并不是为了什么实验。总而言之，斯金纳的女儿并不像传说的那样，在一个坚硬且冰冷的箱子内长大。

1953 年的某一天，著名心理学家斯金纳以家长的身份到女儿就读的小学四年级的一个班级听数学课。斯金纳发现，有许多孩子很希望回答问题。但是，并不是所有孩子都可以得到表现的机会。而且，就算孩子回答了问题，老师所给予的反馈也不够及时。斯金纳认为，这堂课的教学质量十分糟糕，而且效率低下。从此之后，斯金纳就开始致力于研究教育方式，并且提出了程序教学。

斯金纳程序教学的教育理论来源于他所进行的动物实验。斯金纳认为，人类的学习行为也属于一种操作反应的强化过程。根据这一原理，可以设计出一个完整的学习环境，然后通过一系列的层次性手段将行为引导到预期的效果上。

斯金纳指出，在以往的教学方式中，学生学习是为了避免遭受惩罚，这并不是一种正确的学习行为。而且，在以往的教学中，老师往往会在一个单元学习结束后再对学生的学习状况进行一次测验和评价。这直接导致学生的学习行为没有得到及时的反馈和强化，从而造成了低效率的教学效果。

因此，想要提高教学效率，老师就必须在教学的过程中充分考虑到教学的内容以及如何利用强化物，并且如何有效地安排教学环节。老师应该对教学目标进行分解，分解成一个个小目标或小步骤，然后确保每个步骤的行为都会得到及时强化。这种把教材分割成许多小步骤的方式，的确可以使学生的学习行为得到强化，但是会导致学生无法从总体上把握教学的内容，学生的认知水平提高得很慢，影响了学习效果。

斯金纳十分体谅老师的辛苦，所以为了减轻老师的负担，并且提高教学效率，还专门发明了一套教学机器，而斯金纳本人也被称为“教学机器之父”。

这种教学机器是一种台式机械装置。教师可以将所教授科目的具体步骤编印在纸带上，然后由浅入深地排开来，并且通过一个特定的窗口一一呈现，答案也由机器掌控。这台教学机器虽然有些简陋，但却是今天计算机辅助教学的前身。当然，学生也可以利用这台教学机器进行自学。

斯金纳的教学理念与以往的理念大不相同，以前的教学理念比较倾向于以学生为主，但是斯金纳却更加倾向于以教师为主。因为在斯金纳看来，教育实际上就是一个控制的过程。斯金纳的教学观念的确有一定的道理，但是却忽略了以动物实验为基础的行为主义心理学与人类学习行为在本质上存在着非常大的差异。也就是说，如果仅仅把人类的学习行为看成简单的行为反应，那么学习行为将会变得十分被动，而事实是人类的学习行为并不是完全被动的。

总而言之，斯金纳所提出的教学理念是十分机械的。它只强调学生应该机械地接受教材和老师所提供的现成材料，并且通过努力与教材和老师达成一致，却忽略了学生在学习行为上的主动性和创造性。正因如此，斯金纳所提出的程序教学的教育理念在60年代风靡一时之后便很快消失了。

伯尔赫斯·弗雷德里克·斯金纳，美国著名心理学家，新行为主义学习理论的创始人，同时也是新行为主义的代表人物。

斯金纳是一个极端的行为主义者，在晚年时依然坚持自己的行为主义观点，反对认知心理学的研究以及对学习过程和行为塑造过程的认知解释。

从行为主义心理学的角度看，斯金纳是一位十分坚定的行为主义者；但是从认知心理学和心理学发展的角度看，他是一位不可救药的顽固派。

温馨提示

斯金纳的操作性条件反射理论在塑造人的学习行为上有一定的作用，值得借鉴。同时该理论也可以运用到管理之中，通过对员工的某种行为进行强化，从而达到提高其工作效率的目的。但是这种理论也存在着一定的缺陷，即它只重视人的外部行为反应和外部结果，而忽略了内部心理机制。

把大脑一分为二
——裂脑人实验

经验说：人的左右脑可以独立工作，各自管理不同的智力系统。

实验说：人的左右脑需要相互交流，其交流的桥梁就是胼胝体。

我们的大脑一分为二，即左脑和右脑。科学家告诉我们，左脑和右脑具有不同的功能。笼统地说，左脑主要负责语言能力，而右脑主要负责空间思维。如果我们大脑中的一部分受到损伤，那么其所负责的功能就会受损，具体表现就是我们丧失某些相关的能力。

早在19世纪早期，就有人专门检查了一个丧失语言能力的病人的大脑。结果发现，这个病人大脑中的左脑部分的一个区域受到损伤。这说明，我们的左脑的确负责语言能力。

在这种理论的基础上衍生出一种新的理论，即大脑中的左脑和右脑虽然都在头颅之中，但却是相互独立的，各司其职，是完全分离的智力系统。

但是，这种衍生的理论被一个事实推翻了，那就是早期治疗癫痫的手术方式。在20世纪时，科学家为了控制某些严重且药物治疗无效的癫痫病人发病，于是就发明了通过外科手术切断胼胝体（左脑与右脑之间的桥梁）。当时，大部分癫痫病人都会选择接受手术治疗，因为这是一种一劳永逸的方式。但是，手术却会给病人带来难以弥补的伤害。在接受手术后，尽管癫痫病人不再发病，但是因为缺少了胼胝体，他们的左脑和右脑被人为地彻底割裂开来，相互之间完全隔离，给病人的生活带来了很多不便。

在手术过后，病人的人格和智力都不会出现太大的变化。但是，其认知功能会受到一些损害，有时候会出现短期记忆障碍。虽然不影响长期记忆，但是却会给日常生活造成不便，如病人往往会遗忘对他人的承诺等。

一个正常人的大脑由左脑和右脑共同组成，两者由胼胝体连接起来，并且相互沟通，从而构成一个完整的统一体。通常情况下，我们在接收了外界的信息后，会由胼胝体传递，这样一来左脑和右脑之间就会进行交流，这个过程是在瞬间完成的。可以说，一个人的每次思考和行动都是左脑和右脑相互交换信息并且综合分析思考的结果。由此可见，胼胝体是多么重要，但是在手术过后，癫痫病人的大脑中没有胼胝体作为桥梁。后来研究者们给此类人起了一个名字——“裂脑人”。

除了被手术切除胼胝体的病人外，还有一种罕见的脑畸形患者也没有胼胝体，就是先天性缺少胼胝体的人。但是，这种患者大脑的左右脑之间依然可以进行交流。针对这种特殊的现象，研究者给出的解释是，此类患者的脑中一定存在着除了胼胝体以外的其他重要的连接形式，也就是一种代替胼胝体存在的脑部器官。

后来，罗杰·斯佩里等人开始研究裂脑的现象。一开始，斯佩里的研究主要针对动物，在经过大量的动物实验后才转移到人类的身上。在对人进行裂脑人实验的时候，由于法律和道德伦理的影响，斯佩里不可能为了自己的研究而强行切除被试的胼胝体。但是在动物身上做实验时，就不需要考虑这么多了。所以斯佩里所使用的方式简单粗暴，甚至残忍，即采用手术切除的方式。

斯佩里首先对一只猫进行了手术，通过外科手术切断了猫的左脑与右脑之间的联系，并且还改变了猫的视觉神经，从而使猫的左眼只能向右脑传递信息，使右眼只能向左脑传递信息。做完手术后，斯佩里就开始观察猫的反应并做记录。但是让斯佩里意外的是，猫的生活似乎并没有受到什么不良的影响。

后来，斯佩里想出一个办法。斯佩里蒙住猫的右眼，然后让猫学习一种新的技能，即在一座简单的小迷宫内寻找食物。当猫学会这项技能后，斯佩里会将猫的右眼露出，而蒙住猫的左眼，然后把猫放进之前的迷宫中观察猫的行为。结果发现，猫对迷宫十分陌生，经过了很长时间才找到食物。这说明，如果没有胼胝体，那么右脑与左脑之间就会零交流。除了猫之外，斯佩里还用了与人类基因最接近的灵长类动物如猴子和猩猩做实验，并且得出了相同的结果。

经过大量的动物实验后，斯佩里决定把实验转移到人身上。在选择被试的问题上，斯佩里花费了大量的时间和精力。因为他的被试很特殊，必须得是裂脑人。由于当时有癫痫患者选择了切除胼胝体的手术，所以斯佩里找到了四名裂脑人。

在实验中，被试坐在一个屏幕前面，然后屏幕左边会出现一个单词“nut”（螺母），只出现 0.1 秒的时间（这个短暂瞬间的把握十分重要，因为如果时间过长，那么就会让被试的右眼看到，从而把信息传递到左脑中，被试的双眼可以通过转动而使信息传递到左脑和右脑中。这也是切除胼胝体的患者在日常生活中弥补没有胼胝体缺陷的一种方式）。被试需要从一堆他看不见的物体中挑选出螺母。在做出挑选螺母这个动作之前，被试需要经历这样一个过程：“左眼接受信息并且传递给右脑，然后右脑命令左手做出挑选螺母的动作。”

斯佩里还会问被试：“你知道自己的左手在做什么吗？”被试给予了否定的回答。因为左手的感觉会传输到被试的右脑中，左脑接收不到这种信息。再加上左脑主要负责语言能力，所以被试无法回答出左手拿螺母的事实。如果拥有胼胝体，那么左手拿螺母的信息在传递到右脑后，会经由胼胝体传递到左脑，然后左脑中的语言中枢就会告诉我们：“左手在拿螺母。”

但是这并不能说明右脑绝对没有语言功能，虽然右脑不能进行语言表达，但是可以辨识出“nut”所具有的意义，并且命令左手做出拿螺母的动作。

在下一项测试中，斯佩里把一个单词“hatband”（帽带）拆开，左边屏幕上显示出“hat”，而右边屏幕上显示出“band”。这样一来，“hat”这个单词就会被被试的右脑所接收，而“band”则会被被试的左脑所接收。然后斯佩里问被试：“你刚才看到了什么单词？”被试回答说：“band。”这个结果说明，对于裂脑人而言，因为缺少胼胝体，所以传递到右脑的单词无法被传递到左脑中，被试无法表达“hat”这个需要语言功能的单词。

此外，斯佩里还专门测试了裂脑人的触觉，即在实验中蒙住被试的双眼，并且把被试所熟悉的日常用品，如杯子、牙刷等，放在被试的手中。首先，斯佩里会把物体放在被试的左手中，然后让被试回答这是一个什么东西。结果被试尽管知道这个东西是什么，但是却无法用语言表达出来，被试通常会用一些手势来描述这个物体的用途。接着，斯佩里会把这个物体放到被试的右手中，结果被试可以清晰地说出物体的名字及用途。

此外，斯佩里还专门测试了一下右脑所具有的空间优势能力，让被试手搭与图案一致的积木。结果发现，当被试用右手搭积木时，他会出现很多错误；但是用左手搭积木时，则会自动纠正右手所出现的错误。而且，斯佩里还让被试接受了绘画这项测试，让被试分别用左手和右手按照式样画图，这些式样图案都是三维立体图。结果发现，被试的左手可以绘出三维立体图，但是右手所画出的图案则是平面的。

最后，斯佩里还专门测试了裂脑人的情绪反应，他会在屏幕的左边或右边突然播放一张女性裸体照片。当照片出现在右边时，被试可以说出这是一张裸体照片。但是当照片出现在左边的时候，被试却无法用语言表达，并出现了诡异的笑声，这说明裸体照片所给予被试的视觉刺激和产生的情绪反应与左脑一样。

在实验结束后，斯佩里发表了相关论文，并且提出了新的观点，即认为裂脑人的左脑和右脑由于没有胼胝体的连接而各自运转，所以会导致裂脑人的思维发生分裂，在裂脑人的身上出现两种不同的精神。斯佩里还认为，这种现象在拥有胼胝体的人身上是不可能出现的，因为胼胝体可以使左脑和右脑之间相互联系和作用。

对于斯佩里的这种观点，有人提出了不同的看法，即认为每个人都有两个精神。但是胼胝体可以让这两种精神同步，而没有了胼胝体，这两种精神就无法同步了。

此外，还有一个很重要的问题，即右脑到底是否拥有自我意识？斯佩里的实验结果告诉我们，右脑和左脑具有不同的独立意识。拥有语言优势的左脑被认为有完整的自我意识，而右脑则与自我意识毫无联系的看法是值得推敲的。

为此，斯佩里还专门进行了一项实验。他让一名男性裂脑人被试左眼观看照片，并且用拇指向上或向下来表示自己对照片中的人物形象是否喜爱。当被试看到一名年轻漂亮的女性照片时，做出了拇指向上的动作；当被试看到希特勒的照片时，则做出了拇指向下的动作；当被试看到美国总统尼克松的照片时，则犹豫了一会儿，最后做出了拇指朝水平方向指出的动作，这说明他对尼克松的感觉一般，既不喜欢也不讨厌。这个实验结果说明，右脑和左脑一样都拥有自我意识。

罗杰·斯佩里，美国著名生物学家和心理学家，曾在美国加利福尼亚大学担任心理生物学教授，通过裂脑人实验证明了大脑不对称性的“左右脑分工理论”，人的左脑主要负责逻辑思维，而右脑主要负责形象思维。

斯佩里也因为这项研究获得了 1981 年的诺贝尔生理学或医学奖。

温馨提示

成年人的平均脑重量有 1400 克，新生儿的脑重量大约有 390 克，相当于成年人的 2/7。当新生儿长到 3 岁时，其脑重量会增加到 1010 克，相当于成年人的 5/7。到了 7 岁时，脑重量会增加到 1280 克，相当于成年人的 90%。这说明，人的大脑发育主要在儿童期完成。儿童期是智力发展的关键时期，所以父母应该在孩子儿童期注重对孩子进行左右脑的开发，特别要注重给予孩子适宜的外界刺激，这样有利于智力的提高。

在孩子出生后的第二年，父母应该着重培养孩子的语言能力，而不是关注孩子的空间思维能力，因为这项能力在儿童六七岁时才出现。

爱因斯坦的母亲在爱因斯坦很小的时候就开始对他实施音乐教育，逼迫爱因斯坦练习小提琴。对于这段童年经历，爱因斯坦本人回忆说："小时候，我很讨厌练习小提琴，但是母亲却强迫我接受这种音乐训练。长大后，我开始感谢这种早年的音乐教育。因为如果没有这段经历，那么我无论在什么事业上都将一事无成。"

关于这一点，科学家们已经经过切片观察证实过了。在爱因斯坦死后，科学家通过解剖爱因斯坦的大脑发现，爱因斯坦的大脑神经胶质细胞轴突或神经鞘众多，比普通人多出了 73%。经常从事音乐活动的音乐家的大脑中也存在这种大量的胶质细胞，这是超常规锻炼和学习的结果。对于这种现象，专家给出的解释是，爱因斯坦长期从事的工作具有创造性，这种创造性的思维会使大脑发展出新的神经元和大脑皮层。

丰富的经验促进大脑发育
——经验与大脑发育实验

经验说：聪明的头脑是天生的。

实验说：丰富的经验可以促进大脑的发育。

从某种意义上来说每个人都是一个“早产儿”。这是因为人类的大脑比较大，如果等大脑发育完全之后再生产，那么分娩对于女性而言就不仅仅是个痛苦的过程了，甚至会致命。这就决定了人类大脑具有很强的可塑性。

人类中枢神经系统的发育从胚胎形成后的两周开始。每个新生儿的平均脑重量为 390 克，在一周岁的时候平均脑重量近 1000 克，已经接近于成年人的脑重量（成年人的脑重量平均为 1200 克 ~ 1400 克）。那么，个体的经历是否会导致大脑发生变化呢?

意大利解剖学家马拉卡尼专门做过一项实验，实验的被试是同一胎产下的几对小狗和同一窝蛋孵出的几对小鸡。马拉卡尼会有目的地对每一对小狗或小鸡中的一只进行长期的训练，而另一只则不需要接受训练，但是会得到很好的照料。

然后，马拉卡尼开始对所有参加实验的小狗和小鸡进行脑部解剖，结果发现，那些经过长期训练的小狗和小鸡的大脑更为复杂，有许多褶皱与沟回。但是，马拉卡尼的研究并没有继续下去。后来，马克·罗森茨维格等人开始继续研究经验对大脑的影响。这一次，罗森茨维格选择老鼠作为被试。因为这项实验研究的重点在于研究脑部，而老鼠的大脑比较平滑，不像其他更高等的哺乳动物那样有许多的褶皱。这样，检测大脑的变化就会变得简单和容易起来。最关键的是，老鼠通常是一胎多子，这样罗森茨维格就可以把同一窝的老鼠分别安排在不同的实验环境中，以观察老鼠大脑的变化。参加这项实验的老鼠一共有 12 组，每一组都由同一胎的 3 只雄鼠构成。

每一组的 3 只雄鼠会被随机分配到三种不同的环境中，而且每只雄鼠都被单独隔离开来。第一只雄鼠仍然待在实验室的笼子里，这里有足够大的空间，还有充足的水和食物。第二只雄鼠则被安排在贫乏的环境中，这里的空间比较狭小，有适量的水和食物。第三只雄鼠则被安排在丰富的环境中，这里对老鼠来说就是一个乐园，除了有足够大的空间、充足的水和食物之外，还有许多玩具。

所有老鼠在三种不同的环境中待上 4 ~ 10 周的时间后，就会被人为地处死，因为罗森茨维格要解剖它们的大脑用来研究。解剖的结果显示，生活在丰富环境中的老鼠的大脑与生活在贫乏环境中的老鼠的大脑存在许多方面的区别。前者的大脑皮层显得更重、更厚。大脑皮层是大脑对经验做出反应的部分，主要负责行动、记忆、学习和所有感觉的输入，如视觉、听觉、触觉、味觉和嗅觉。

丰富环境中的老鼠和贫乏环境中的老鼠的脑细胞（又称为神经元）在数量上并不存在什么明显的区别。但是，丰富环境中老鼠的神经元显得更大。因此，罗森茨维格得出了这样一个实验结论，即认为经验可以改造大脑的结构以及化学成分的许多方面。

对于罗森茨维格所得出的结论，有不少人质疑，因为这项实验存在着许多歧义。或许并不是丰富的生活环境使老鼠的大脑发生了改变，而是因为老鼠接受了不同的人为照顾。在丰富环境中生活的老鼠，由于每天都需要将它们转移到有新玩具的环境，所以实验者每天会触摸老鼠两次。但是，生活在贫乏环境中的老鼠却没有得到这种触摸。

面对这些人的质疑，罗森茨维格用实验证明触摸并不会对老鼠的大脑产生影响。罗森茨维格专门用两组老鼠做实验，其中一组老鼠会得到触摸，另一组老鼠不会得到触摸。结果发现，这两组老鼠的大脑并没有什么显著差异。后来，在丰富环境中和贫乏环境中同样触摸老鼠，得到了和之前一样的实验结果。

有些人还质疑，贫乏环境中的老鼠会产生压力，因为它们被迫单独隔离开来，这种压力会导致它们的大脑不能获得很好的发育。罗森茨维格开始拿一些老鼠做压力实验，即把老鼠完全暴露在充满压力的环境中，例如，不停地旋转笼子或给予轻微的电击。结果发现，这些生活在压力情景中的老鼠的大脑并没有发生太大的变化。

罗森茨维格还考虑到由于实验环境存在人为的因素，所以想知道在自然环境中成长的老鼠的大脑是如何发育的。在实验室内使用的老鼠已经繁衍了 100 代，罗森茨维格发现这些实验鼠在遗传基因上与野生鼠基本没有什么相似之处了。于是，罗森茨维格不得不开始专门研究野生鼠。他和实验助手捕捉野生鼠，并且把野生鼠随机投放在户外的自然环境中和实验室的丰富环境的笼子中。经过 4 周后，罗森茨维格开始解剖所有野生鼠的大脑，结果发现在户外生存的野生鼠的大脑要比生活在实验室内丰富环境笼子中的野生鼠发育要好。这一结果说明，即使实验室的丰富环境已经有许多刺激了，但是与自然环境相比，这种刺激明显贫乏多了。

那么，罗森茨维格在老鼠身上所得到的实验结果是否适用于人类呢？研究者经过对自然死亡的人的尸体解剖发现，当一个人具有更多的技术和能力的时候，他的大脑显得更复杂，也更重。对于那些没有某种特殊经历的人的尸体的解剖，让研究者发现了另外一些现象。例如，与视觉正常人的大脑相比，盲人大脑的视觉皮层部分明显发育不良，大脑皮层比较薄，而且沟回也比较少。这些解剖结果都证明了罗森茨维格的实验结果，即经验的确可以改变人类大脑的发育。

此外，还有一种动物实验也证实了罗森茨维格的理论。这一次，实验者选择了比老鼠大脑更复杂、更聪明的哺乳动物——猪。有 84 头小猪从一出生就被随机安排在贫乏和丰富的不同环境中，需要一直生活 14 周。之后，实验者并没有采用解剖小猪大脑的验证方式，而是让所有小猪参加一项操作性学习任务。这项学习任务是为了让小猪学会通过按压面板获得食物奖赏以及走迷宫测验。结果发现，在丰富环境中长大的小猪在完成学习任务时比在贫乏环境中长大的小猪更优秀。

温馨提示

丰富的经验刺激可以让大脑获得更好的发育，所以父母和老师在教育孩子的时候，应该给孩子提供一个令他们兴奋的环境，使环境中充满各种刺激，从而有利于大脑及智力的发育。

没有感觉是什么感觉
——感觉剥夺实验

经验说：没有什么感觉，也没什么大不了的吧。

实验说：被剥夺感觉的人会在短短三天之内出现心理病理性症状。

人是一种群居动物，每天都生活在丰富多彩的感觉刺激之中。感觉并不是人类所独有的，只要是有机生物都会有感觉，这是一种生存本能。那么，如果在保证生命安全的前提下，人为地剥夺人们接触环境刺激的能力后会怎么样呢？1954年，贝克斯顿、赫伦、斯科特等人首次报告了关于感觉剥夺的实验结果。实验结果告诉人们，感觉不仅仅是一种生存本能，如果感觉的权利被剥夺，人的精神状态就会趋于崩溃。

那么，感觉剥夺具体是指什么呢？所谓感觉剥夺，就是指有机体与外界环境刺激之间处于一种高度隔离的特殊状态，在这种特殊状态中，会人为地剥夺外界的声音刺激、光线刺激以及触觉刺激等。一个人在被剥夺感觉的几天后，就会出现某些病理心理的现象。

实际上，不只在实验中，感觉剥夺的现象在日常生活中也比较常见，特别是那些在特殊环境中工作的人们，如夜间长途汽车的司机、长时间在深海潜艇中工作的人，这些人的感觉由于接触到的外界刺激比较少，所以极易出现幻觉。有些夜间长途汽车司机有时会突然间看到道路中间站着一个人，但是停车后却发现那个人不见了，实际上那个人本来就不存在，只是他的幻觉而已。

贝克斯顿等人所设计的感觉剥夺实验在加拿大某大学的一间实验室内进行。贝克斯顿所招聘的被试都是自愿报名的大学生。贝克斯顿告诉被试，在参加实验的时候只需要每天躺在一个提前安排好的小隔离室内就可以。如果被试能坚持一天，那么将会获得20美元的报酬，在当时，这可是不小的数目，大学生打工一般每小时才可以获得50美分的报酬，而这次只需要睡大觉就可以获得20美元的报酬，条件的确非常诱人。当然这只是被试参加实验前的想法，在参加完实验后，被试才知道这20美元的报酬多么来之不易，是用承受极大的精神折磨换来的。

实验开始后，被试被贝克斯顿带入各自的小隔离间内，然后开始剥夺各种感觉。首先，被试的手臂会被套上制版筒，腿脚被夹板固定住，目的是为了剥夺被试的触觉；其次，被试会戴上半透明的护目镜，这副护目镜可以透进散射光，但是没有图形视觉，是一种视觉剥夺；最后，被试的头部将枕在一个用泡沫塑胶制成的U形枕头上，同时贝克斯顿会用空气调节器所发出的“嗡嗡”作响的单调声音来剥夺其听觉。等一切准备就绪后，被试只需要安静地躺在床上，且不随意活动就可以了。

在感觉被剥夺期间，贝克斯顿还会通过话筒对其中一部分被试提问题或做测验，甚至会向被试提供一些令人厌烦的阅读资料。而另一部分被试则作为控制组在安静的隔离室内听贝克斯顿与其他被试的对话。

虽然被试的感觉被剥夺了，但是依然有吃饭与上厕所的时间，在隔离室内还准备了一个固定的器械，专门帮助被试获得食物和饮料。

起初，贝克斯顿认为被试起码会在隔离室内待上好几天，因为他给出的报酬很高。但是最后却发现有一半被试在坚持了不到两天的时间后就主动选择放弃，因为他们无法在这种被剥夺感觉的状态中忍受三天。

而被试在实验前的想法更美好，他们决定利用这个机会好好睡一觉，或是想想自己的论文和课程计划等，同时还可以赚钱。但是当实验开始后，被试们才可悲地发现，他们根本无法对任何事情进行清晰的思考。他们不能集中注意力，即使短时间集中注意力也做不到，因为他们的思维总是“跳来跳去”的。

在实验刚开始的时候，被试可以安然入睡，但是很快便开始失眠并且变得焦躁不安。他们甚至会用自言自语、唱歌、吹口哨等方式来给自己寻找刺激，但是依然很痛苦。

在感觉剥夺期间，被试的精神状态出现了明显的紊乱，他们不仅无法进行思考，而且还出现恐慌、注意力涣散、思维迟钝、紧张、焦虑等消极情绪。后期甚至出现错觉与幻觉，这种幻觉既有听觉与视觉方面的，也有触觉方面的，不过大多数为视幻觉。出现幻觉的被试占总数的一半，通常在感觉剥夺实验的第三天时出现。例如，在听幻觉中，有的被试会听到音乐声、狗吠声、报警声、滴水声、打字声等；在视幻觉中，被试通常会在视野的边缘看到没有形状的光的闪烁，有的被试甚至还会看到大队老鼠排着队行进；在触幻觉中，被试通常会感觉到有冰冷的钢块按压着自己的前额和脸颊，或是感觉到有人把自己身下的床垫给抽走了。到了第四天，被试会出现双手颤抖、不能笔直走路、回答问题速度迟缓以及对疼痛敏感等病理性症状。

即使在感觉剥夺实验结束后，被试一时间依然无法从这种状态中走出来。对于一些复杂的问题，如需要高水平语言能力和推理能力的创造测验、单词联想测验等，被试的成绩明显不如那些没有接受感觉剥夺实验的人优秀。当然，对于那些简单或是中等难度的问题，被试依然可以解决，如对单词和数字的记忆或移动单词中的字母问题等。这说明，感觉剥夺会影响人们进行复杂的思考和认知。

不过最可怕的是，有的被试判断距离和审视三维空间的能力都已经有些混乱了，如有的被试在开车时对自己车子和别人车子之间的距离无法做出正确的判断。幸运的是，贝克斯顿通过跟踪调查发现，被试在实验结束的三天后基本上就恢复正常的状态了。

贝克斯顿，加拿大心理学家，在麦克吉尔大学任教。贝克斯顿等人所进行的感觉剥夺实验是由加拿大国防研究委员会出资赞助的，实验的代号为“X–38”。这个实验研究项目的主要负责人并不是贝克斯顿，而是蒙特利尔神经科学研究所的赫布教授。

实验的主要目的是研究“洗脑”，感觉剥夺实验不过是整个实验的一半而已。在贝克斯顿所发表的实验论文中也只报告了实验的一半，而另一半与洗脑关系密切的实验并没有公开发表论文。

在另一半的洗脑实验中，实验者特意准备了一些枯燥的录音材料，录音的内容主要是宣扬超自然现象的存在。在实验中，被试有主动选择权，可以选择听，也可以不听。但是大部分被试都选择听，虽然录音材料枯燥，可是在被剥夺感觉的状态下，这是难得的外界刺激。

被试在参加实验之前都不承认超自然现象的存在，但是经过实验的洗脑之后，他们不仅改变了观点，甚至还会在实验结束后专门去图书馆查找有关超自然现象的资料。这个结果充分说明了实验的成功，因为通过感觉剥夺的方式的确可以促进“新信仰”的植入。

如果把人的思维和人格比喻成一座大厦，那么“感觉刺激”则是这座大厦的基石。一个人在形成独立人格的过程中，会通过各种感觉器官来接收外界的刺激，从而收集信息为己所用。但是这种独立的人格是那么脆弱，只要把视觉、听觉和触觉这三种感觉进行人为剥夺，那么所谓的独立人格会在短短几天内崩溃，从而在混沌之中迷失自我。

2008 年，英国一名心理治疗师伊恩·罗宾斯重新进行了一项有关感觉剥夺的实验，并且把整个实验过程拍摄了下来，制作成一部纪录片，名字叫作《完全隔绝》，在英国广播公司（BBC）播放。

在这次实验中，一共有6名被试，每个人都独自一人待在一个小房间内，房间一片漆黑，什么也看不见，除了一张床和被褥之外什么也没有。实验者尽量保证不让被试接触任何感觉刺激，所有被试都处于感觉被剥夺的状态。实验一共需要进行48小时。在实验结束后，实验者会对被试进行访谈。所有被试均表示，他们感觉十分不舒服、不自在，并且非常恐惧，脑海中不受控制地出现了许许多多奇怪的幻觉。此外，实验者还对被试进行了一系列测试，测试的结果显示，所有被试的心理功能都受到了不同程度的损害，有的被试甚至无法完成一些简单的任务。

温馨提示

贝克斯顿用感觉剥夺实验告诉我们，人的大脑的发育与成熟都与外界的刺激分不开。想要获得更好的发展，就必须通过社会化的接触，更多地感受外界的刺激以及和外界建立联系。只有不断地从外界获得新的刺激，我们才能让自己的心理和生理都保持在正常的状态。丰富多彩、多变的环境刺激对于人类的生存和发展是必不可少的。

不论是贝克斯顿还是罗宾斯的实验，其结果都说明了感觉剥夺对人是有害的。但是有人却提出了不同的观点，他们认为感觉剥夺不仅不会对人们造成困扰，相反还可以帮助人们减轻压力，从而使人们变得更加积极乐观起来。这种观点也有相应的实验证明，做实验的是聚德费尔德。

聚德费尔德在进行感觉剥夺实验的时候，选择了吸烟者和肥胖者作为被试，通过剥夺被试的部分感觉，以帮助他们修正自己的行为。被试需要在一个限制感觉刺激的特定环境中待上24个小时。实验结果发现，这样有助于被试提高自己的自控能力，从而改变不良的生活习惯。例如，把一个吸烟者关进一个安静的小黑屋中，他需要在床上躺上一天，当然喝水和上厕所是自由的，同时还听着有关吸烟不利健康的录音。在实验结束后的一个星期内，所有吸烟的被试都没有再吸烟。一年之后，依然有三分之二的被试坚持不吸烟。

当睡眠中没有了梦
——梦境剥夺实验

经验说：做梦会影响人们的睡眠，从而使睡眠质量下降。

实验说：梦是睡眠的一部分，如果梦境被剥夺，人的睡眠和健康同样会受到影响。

睡眠是人类生存的本能之一，入睡后，我们的头脑和身体会得到暂时的休息。但是，我们的大脑并不会完全进入休眠的状态，这时就会有梦境出现。当睡眠进入快速眼动阶段时，我们分泌肾上腺素的活动会逐渐减弱，大脑的无数神经元会将白天所接收到的各种信息进行整理、组织与归纳，然后有关这一天的记忆就会被印刻在大脑中，这是一个完全必要的过程，可以避免大脑因为信息过度积累而出现思维的混乱。与此同时，我们的潜意识还会自省、反思与满足，从而出现做梦的现象。

脑神经学的研究者们认为，做梦的现象不过是化学系统的精心杰作。在人们进入睡眠的时候，大脑中的情绪记忆会以梦境的形式再现。只不过这段记忆被加密了，需要通过特殊的手段进行解密才能了解真相。研究者通过核磁共振研究发现，当一个人做梦时，脑部的情绪感受和视觉感受都处于被激活的状态，但是由于缺少血清素与肾上腺素分泌的参与，所以梦境中所下达的指令并不会传达与实现。

梦境在许多人心中都十分神秘，有不少心理学家为了研究梦境都从人的睡眠开始。1950 年，威廉·德蒙特首先通过对被试的脑电、肌电、眼电研究发现了两种不同类型的睡眠，其中一种叫正相慢波睡眠，也称为非快速眼动睡眠；另一种叫作异相睡眠，也称为快速眼动睡眠。这一研究结果使人们对睡眠的基本过程有了一个初步的了解，成为对睡眠过程开展实质性研究的基础。

1952 年，尤金·阿瑟瑞斯基也开始研究睡眠和梦。阿瑟瑞斯基通过对婴儿睡眠的观察发现，当婴儿处于睡眠中时，总会出现周期性的快速眼动，而其他时间，只会偶尔出现非快速眼动。阿瑟瑞斯基认为这种快速眼动与做梦有关，但是由于被试是婴儿，无法告诉阿瑟瑞斯基他是否真的在做梦，所以阿瑟瑞斯基只好把这项研究放在成人身上。

阿瑟瑞斯基找来了 20 名身心正常的成人做被试。在实验中，阿瑟瑞斯基将电子测量仪器通过电极连接在被试眼部周围的肌肉上，而电极的导线则一直延伸到阿瑟瑞斯基所在的隔壁房间内。当被试出现快速眼动的时候，阿瑟瑞斯基就会把被试叫醒，并且问他是否做梦了。此外，即使被试没有出现快速眼动，也会偶尔被阿瑟瑞斯基叫醒，回答相同的问题。实验结果显示，当被试出现快速眼动被唤醒的时候，大部分人都能十分清晰且形象地报告自己的梦境；少数人表示虽然感觉到自己在做梦，但是却无法回忆起梦境的具体内容。当被试没有出现快速眼动的时候，大部分都报告自己没有做梦，只有极个别的人报告模糊感觉似乎在做梦，但是无法描述梦境的内容。

阿瑟瑞斯基的这一研究结果揭示了快速眼动与做梦之间的密切联系。后来随着生理记录仪器和研究方式的成熟，人们越来越了解睡眠与做梦之间的关系。

对于一个大脑功能正常的人而言，在进入睡眠状态之后，通常需要经过睡眠的三个阶段，这是一个有规律地经过浅睡眠、深睡眠和快速眼动的过程。通常情况下，每个睡眠周期的时间为一个半小时。第一阶段被称为浅睡眠阶段，是一种介于清醒与睡着之间的状态。然后睡眠状态会越来越深入，最终达到第四阶段，也就是最深的深度睡眠阶段，身体和大脑都会得到极大的放松。

每个睡眠周期的时间虽然差不多都是一个半小时，但是浅睡眠、深睡眠和快速眼动各个阶段所占的比例并不一样。当进入深睡眠阶段的时候，我们的睡眠会变得越来越浅，这个时候快速眼动也就会越发频繁地出现。因此，可以说我们的梦差不多都是在一个睡眠周期快要结束的时候开始的。也就是说，入睡的时间越久，越到后面的睡眠周期中，快速眼动所占的比例就会越大。这是因为在之前的深睡眠之中，人的大脑和身体休息够了，大脑开始恢复精力，整理潜意识中的记忆。

在快速眼动阶段，人的大脑虽然十分活跃，但是身体却很迟钝，不会经常挪动身体。这是因为缺少血清素和肾上腺素这样的电化学信息的干扰，出现了身体不能动弹的现象。其实这是一种自我保护机制，正因如此，人才不会用肢体去演绎梦境，从而避免伤害自己或是造成更糟糕的后果。但是，梦游者却丧失了这种自我保护机制。

当快速眼动结束之后，新一轮睡眠周期又将开始。通常，在人入睡 90 分钟后就会出现第一次的快速眼动。这是睡眠初期的梦境，时间都不会太长，只有 5 分钟左右。随着睡眠时间的增加，快速眼动的时间也会随之增加。到最后，快速眼动几乎占据了整个睡眠周期。在睡眠初期的梦境中，梦的内容多与最近出现的人或事相关。但随着睡眠的深入以及睡眠时间的增加，大脑开始整理潜意识中潜伏着的更为久远的记忆，因此一些早年记忆和内心深处的情绪体验就开始在梦境中出现。

通常情况下，我们只需要 8 个小时的睡眠就够了。因为一旦睡眠时间超过 8 个小时，剩下的时间几乎就全部被梦境霸占，有可能在最后一两个小时的时间内都在做梦。因此有不少人都有这样的体验，为什么会越睡越累？这就是因为在超过 8 小时的睡眠中，你几乎都在做梦，做梦时你的大脑处于十分活跃的状态，一直在不停地运转着，并没有休息。

那么，做梦对于我们来说到底是有益睡眠还是妨碍睡眠的存在？睡眠是生理方面的需求还是心理上的需求？为了得出一个令人信服的结论，德蒙特决定进行梦境剥夺实验。

可是，德蒙特应该采用什么样的手段来剥夺人做梦的权利呢？德蒙特首先想到的办法是采用药物来干扰睡眠中出现的梦境，以达到剥夺梦境的目的。但是，德蒙特很快就发现这不是一个好办法，因为药物的作用往往会改变被试正常的睡眠模式，对睡眠模式的影响太大，以至于无法产生预期的效果，从而导致研究结果的不准确。

于是，德蒙特只能采用一种看似有些过激的方式，即当被试做梦的时候就把被试唤醒。这就需要借助阿瑟瑞斯基在实验中所采用的方式，即用电极贴在被试的眼部肌肉周围以及头皮上，从而观察与记录被试的脑电波模式和眼动情况。

参加实验的被试为 8 名男性，年龄在 23 岁到 32 岁之间。在实验初期，被试都可以一觉睡到天亮，不会被德蒙特所干扰。这么做是为了了解每一个被试通常情况下做梦的数量以及睡眠的模式，同时也让被试适应一下新的睡眠环境。

之后梦境剥夺就正式开始了，每当被试出现快速眼动的时候，德蒙特及其助手就会把被试唤醒，然后让被试坐起来几分钟，确保被试完全清醒之后再让其入睡。这对被试来说可是一个不小的折磨，最关键的是被试还被要求在研究期间不能在任何非实验的时间内睡觉或打盹，因为这样被试就有可能会做梦，会使实验结果不准确。

在实验进行到第三个夜晚的时候，其中一名被试提出要退出实验，因为他很焦虑；到了第四天晚上的时候，又有两名被试提出退出实验的要求，原因与之前的那名被试相同。

剩下的5名被试熬到了实验最后，这个时候他们需要经过一个恢复阶段，在此阶段内被试可以安然入睡而不担心被人打扰。当然，德蒙特还是会对被试进行电子监控，以记录被试做梦的数量。

统计结果显示，当被试在不被打扰的情况下时，每晚的睡眠时间平均为6小时50分钟，用于做梦的平均时间为80分钟，占整个睡眠时间的19.5%。在第一个梦境剥夺的夜晚中，被试被唤醒的次数在7到22次之间。但是随着实验的进行，被试被唤醒的次数越来越多。到了最后一个梦境剥夺的夜晚，被试被唤醒的次数在13到30次之间。这一变化说明，梦境剥夺的确会对被试的睡眠和做梦产生影响，被试试图做梦的次数一直在不断地增加着。

在恢复阶段，被试由于经历了几天梦境被剥夺的实验，所以做梦的时间明显增加了。被试们做梦的时间平均为112分钟，占总睡眠时间的27.3%。

当然，也有两名被试例外，他们并没有出现做梦时间增加的情况。其中一名被试之所以没有出现做梦时间增加的情形，是因为他在进入恢复阶段的那天晚上，回实验室睡觉之前参加了一个聚会，在聚会上该被试喝了几杯鸡尾酒，酒精的作用抵消了梦境剥夺的作用。对于另一名被试，德蒙特给出的解释是，人群中有少数人的睡眠模式十分稳定，不会轻易受到干扰。

德蒙特还指出，如果把这两名被试排除掉，那么剩下的被试在恢复阶段，第一晚的做梦时间将平均高达127分钟，占总睡眠时间的31%。而且被试在经历了几晚梦境的剥夺之后，均出现了轻微的焦虑、不安与注意力不集中的症状。这一结果说明，做梦是必需的，否则将会影响人们的心理健康。

在恢复阶段结束后，被试被告知放假几天，在假期结束后继续来参加实验，这对被试来说真是一个不错的消息，他们终于可以在没有监视的情况下好好睡觉了。但是对于德蒙特而言，这是为了证明被试做梦时间的增加与梦境剥夺之间到底是否存在着联系。

等假期结束后，被试需要回到实验内继续参加梦境剥夺实验。不同的是，这一次的梦境剥夺，被试会在两次快速眼动之间被唤醒，也就是说被试可以一直安然入睡而不被打扰，德蒙特会在被试梦境结束的时候再唤醒他们。统计结果显示，被试做梦的平均时间为 88 分钟，占总睡眠时间的 21.4%，与正常睡眠中做梦平均时间 80 分钟以及占总睡眠时间的 19.5% 没有显著差异。在这种条件下，被试并没有出现做梦时间明显增加的现象。

德蒙特的实验告诉我们，做梦不仅有助于我们的睡眠，同时也是我们的生存所需。事实上，在现实生活中的确存在梦境剥夺的现象，如通过使用酒精制品或其他药物。这些物质在帮助人们进入睡眠状态的同时，也会抑制做梦，从而使人的大部分时间都沉溺于深睡眠状态。因此，一旦一个人依赖安眠药入睡之后就很难戒除。这是因为一旦停止使用安眠药，那么快速眼动就会反弹，当事人就会出现大部分时间都在做梦的现象，从而影响睡眠质量，即使睡了很长时间，也会感觉十分劳累。这相当于睡眠周期被打断，从而无法出现完整结构的梦境，很容易感觉自己没有做梦。

此外，人们还有一种十分常见的体验，那就是往往记得自己做梦了，却回忆不起梦的具体内容。通常情况下，大多数梦，醒来就会忘记，特别是出现在睡眠初期的梦境。这是因为睡眠初期的梦境一般都是片段式的，没有什么主题，而且内容也比较混乱和破碎。但是出现在睡眠后期的梦境都比较容易记住，因为这个时期的梦境比较深入和完整。

德蒙特的梦境剥夺实验引起了十分强烈的反响，一时间许多人都开始研究睡眠与梦。德蒙特的梦境剥夺实验是在夜晚进行的，那么如果把梦境剥夺实验放在白天进行会怎样呢？相关研究者专门进行了一项实验，在实验开始之前实验者会剥夺被试一整夜的睡眠，然后让被试在白天的时候睡觉并且记录了被试的快速眼动情况。

结果发现，被试白天睡觉所产生的快速眼动模式与夜晚的时候明显不同。起初，实验者根据快速眼动迹象来唤醒被试的时候，被试会出现试图增加做梦时间的现象，从而唤醒的次数会增加。但是等增加到一定程度之后，就不会再增加，这与德蒙特实验中的持续增加明显不同。实验者在统计被试的梦境反弹（也就是恢复阶段做梦的时间增加）的时候发现，被试出现了很小幅度的反弹，与德蒙特实验中所出现的较大幅度的反弹效应正好相反。这一实验结果说明，我们比较适合在夜晚睡眠与做梦，我们不是昼伏夜出的动物。

到了 20 世纪 60 年代的时候，人们普遍接受了德蒙特的观点，开始乐于做梦。但是有些梦境的内容是美好的，有些梦境的内容会引起人们的恐惧情绪，也就是我们通常所说的噩梦。于是，有研究者在思考这样一个问题："人们能够对自己所做的梦的内容进行选择吗？人们的梦的内容到底是被动的潜意识的结果，还是受到了意识的干预？"

为了找到问题的答案，卡特怀特专门设计了一项实验，参加这项实验的被试为 17 名大学生，其中女性为 7 名，男性为 10 名。在实验中，卡特怀特会将电极贴在被试的眼部肌肉周围以及头皮上，从而观察与记录被试的脑电波模式和眼动情况。卡特怀特会在被试快速眼动结束的时候唤醒他，并且让被试陈述梦境的内容。

在实验开始之前，被试需要参加一个人格特质形容词分类的任务，从 70 张有关个人人格特质的卡片中挑选出与自己的人格特质比较相符的卡片，同时按照从 1（很少像我）到 7（非常像我）这样的等级进行分类。然后被试需要参与一项类似的任务，即在这 70 张卡片中找出那些与自己理想中的人格特质相似的卡片，同时按照从 1（不希望）到 7（非常希望）这样的等级进行分类。

卡特怀特设计该任务的目的是找出每个被试所认为的与自己人格特质非常相像，但又与理想中的人格特质不相符的人格特质，也就是被试想要改变的人格特质。通过此项任务，卡特怀特就可以获得每个被试的目标形容词了。

等到了睡觉的时候，卡特怀特会要求所有被试在入睡之前反复暗示自己："希望自己少一点'目标形容词'所描述的那种人格特质。"

此外，卡特怀特从被试所完成的任务中找到另外两个形容词作为对照，即一个是被试评价的现实自我与理想自我之间相差很大的一个词语；而另一个人格特质形容词则是被试评价的现实自我与理想自我之间相差较小的一个词语。卡特怀特之所以挑选出这两个人格特质的形容词，就是为了检验"目标形容词"出现在被试的梦境中是否因为概率。实验结果显示，17名被试中有15名被试都梦到"目标形容词"。这说明，人能够对自己梦境的内容进行选择。

哈佛大学心理学家丹尼尔·韦格纳也做过一个简单有效的控制梦境的实验。在实验前，韦格纳首先召集了一组被试，然后给他们每个人两封信，请他们在晚上睡觉前打开其中一封信，另一封信则在第二天早晨醒来后打开。

第一封信的内容是一组指令，要求所有被试在睡觉前想着他所爱慕的一个人。其中，第一组被试需要在五分钟的时间内强迫自己尽量不要去想自己所爱慕的人；第二组被试需要想象自己和所爱慕的人正在约会。等所有被试在第二天早晨醒来之后打开第二封信，会发现这也是一组指令，这一次韦格纳要求被试描述自己昨天晚上梦境的内容。

实验结果显示，第一组被试梦见爱慕之人的数量是第二组的两倍。韦格纳通过这个结果得出了一个结论，即"反弹效应"可以影响人们梦境的内容。也就是说，如果你想要让什么出现在你的梦境中，那么就必须强迫自己在睡觉前5分钟内不要去想相关的人或事物。

温馨提示

对于一些生活节奏比较快的人而言，通常情况下总是记不住自己做过梦。实际上这也算是一种梦境剥夺，因为睡眠时间短暂，所以通常无法进入深睡眠阶段，或是刚刚进入深睡眠阶段以及快速眼动阶段就被闹钟唤醒了。如果这种状态是短时间内的，那么还不至于引起焦虑。但是如果长此以往，没有梦的睡眠会使人变得焦虑。

此外，人们还有一种观点，即认为没有做梦就代表睡得好。事实上并非如此，如果一个人不做梦或是在醒来之后没有意识到自己做过梦，那么就说明他每天的睡眠都来不及进入快速眼动阶段，或是在深睡眠阶段就被吵醒，也就是说他的睡眠周期根本就没有完成。在这种状态下清醒过来，意识往往会变得十分迷糊，头脑不清楚，根本无法立刻适应外在的环境。相反，那些睡眠充足且有梦境相伴的人，则可以在清醒之后感觉到神清气爽。相关研究显示，如果人在睡眠不充足的情况下醒过来，那么其意识状态相当于醉酒的时候。所以说，睡眠不足的人去开车事实上比酒驾更危险。总而言之，当你不做梦或是没有意识到自己做梦的时候，其实就是你睡眠质量不佳的信号，一定要重视起来，给自己充足的睡眠时间以及做梦的时间。

上下颠倒的世界
——大脑纠正实验

经验说：如果世界上下颠倒，我们的生活将无法想象。

实验说：即便这种情况发生，我们要不了几天就能适应。

感觉器官对我们来说十分重要，它们可以帮助我们收集外界信息并且接受相应的刺激，从而做出反应。其中视觉器官尤为重要，因为眼睛可以帮助我们收集许多有用的信息，而人类一半的知识与记忆都是通过眼睛获得的。我们的眼睛不仅可以轻易分辨色彩和光线，同时还对图像十分敏感，可以把所看到的图像通过视神经传递给大脑。这个传递图像的过程如下：当我们看到某个物体时，该物体的光线会反射过来并映落在视网膜上，光线在反射的时候还会发生曲折。而且，映落在视网膜上的图像是上下颠倒的，也就是说，视网膜上的图像与真实的物体是反相的。

但是，让人们感到疑惑的是，既然如此，我们为什么没有觉得整个世界是上下颠倒的，难道是我们已经习以为常了吗？实际上，我们所看到的世界依然是正常的。而视网膜上的图像的确也是颠倒的。之所以会出现这种匪夷所思的现象，是因为我们的大脑具有纠正的作用。当某个图像倒立着映落在视网膜上后，视网膜会把自己所接收到的图像信息传递给大脑。在传递的过程中，我们的大脑自动进行纠正，然后我们就看到了一个正常的图像，这个过程尽管十分短暂，但是却很重要。

关于以上这个结论，是心理学家乔治·斯特拉顿通过实验证实过的，这就是著名的大脑纠正实验。在实验中，斯特拉顿使用了一个十分关键的道具，即一副装有反向棱镜的眼镜。这副眼镜具有倒像作用，当一个人戴上装了反向棱镜的眼镜后，他所看到的物体映落在视网膜上的图像就是正过来的。而因为大脑所具有的纠正惯性，所以这个人会看到一个上下颠倒的世界，一切事物看上去都与实际相反，上面的东西会看成下面的，而左边的东西会看成右边的。

在被试刚刚戴上反向棱镜的眼镜后表现得手足无措，因为他们所看到的所有一切都与之前的相反。被试如果想捡起掉在地上的东西，那么他会发现自己把手伸向了天花板；被试还不敢坐在椅子上，因为他所看到的椅子是四脚朝天的；当被试伸手开门的时候，却把手伸向了门轴；当被试写字的时候，他记得自己明明是按照习惯从左向右写，但是所看到的情景却是从右往左写，这让被试格外别扭。

被试需要在这种上下颠倒的世界中生活许多天，只有这样才能看到实验成果。时间教会了被试如何去适应这个新的视觉世界，到了第三天的时候，被试找到了规律，情况大为好转。到了第八天的时候，被试的大脑纠正作用完全消失，因为他所看到的世界不再是上下颠倒的，和戴眼镜之前所看到的世界一样了。

就在被试庆幸自己适应了这副眼镜的时候，斯特拉顿出现了，并且告诉被试："实验到这里差不多该结束了，你们可以把装有反向棱镜的眼镜摘掉了。"

这个时候，神奇的一幕出现了，被试再次看到了一个上下颠倒的世界，最关键的是这次是裸眼看到的，并没有借助什么道具。对于这种现象，斯特拉顿的解释是，由于在长达八天的生活中，被试已经适应了被装有反向棱镜的眼镜纠正过的世界，所以被试的大脑暂时放弃了纠正的功能。当被试把装有反向棱镜的眼镜摘掉后，其大脑还没有恢复纠正的功能，自然会看到一个直接通过视网膜传递给大脑的世界。事实证明，斯特拉顿的猜想是正确的。因为实验结束被试经过几天的训练与适应后，其大脑所具有的纠正功能重新恢复，从而再次看到了一个正常的世界。

乔治·斯特拉顿，美国著名心理学家，曾进行大脑纠正实验，目的是解释人类所具有的空间知觉学习能力。

温馨提示

对于地球上的生物而言，想要生存下去，就必须适应环境，甚至可以因为环境的变化而改变自己的生理机能，这种现象被称为进化。

例如，对于蛇这种古老的爬行动物而言，通过一次次的进化与改变得以继续生存在地球上。不同的蛇类生活在不同的环境中，有的蛇类所生存的环境温度比较低，但有的蛇类所生存的环境温度比较高。这就导致了有的蛇类会比较抗热，有的蛇类就不行。

对于那些习惯低温的蛇类而言，如竹叶青蛇，由于长期生活在阴凉的山洞中，不经常受到阳光的直射，所以在遇到50摄氏度左右的温度时，会血液膨胀，从而导致神经假死，出现僵死的状态。但是如果能够及时把竹叶青蛇放入水中，那么它就会立刻复活。但是对于习惯高温的蛇类而言，50摄氏度左右的温度是不会导致其“僵死”的。例如，短尾蝮蛇，因为这种蛇类长期生活在田野中，中午的时候还会晒太阳，所以对高温的抵抗能力还是比较强的。但是如果温度继续上升的话，短尾蝮蛇也会忍受不了而“僵死”。如果温度超过60摄氏度，那么蛇类就会死亡。

人类是一个很特殊的存在，因为大脑所具有的优势，所以人类拥有改变环境的能力。但是，环境对人类的生理和心理依然存在着普遍的制约作用，毕竟作为地球上一种长期进化的生物，我们所拥有的一切生理和心理机能都在为了适应环境，为了更好地生存而不断发生改变。

一条被虐待的狗
——习得性无助实验

经验说：无论怎样，只要有可能，人们都会主动地逃离失败与痛苦。

实验说：多次的失败与痛苦，会让无助感变成习惯。

约翰·华生为了弄清楚情绪的起源，拿一个婴儿做实验，证明了情绪是可以通过条件反射获取的。这个实验对马丁·塞里格曼产生了深远的影响，但是同时塞里格曼也考虑到华生实验中的不足。塞里格曼认为华生还应该进行一次实验，即把小阿尔伯特放进一个可以控制的环境中，如设置一个按钮，当小阿尔伯特按到这个按钮后，小白鼠就会消失，然后观察已经习得恐惧情绪的小阿尔伯特会出现什么反应。

于是，塞里格曼开始设计并进行相应的实验。在实验早期，塞里格曼为了让狗通过条件反射习得恐惧的情绪，把狗关在一个特制的笼子中，只要蜂音器一作响，就给笼子里的狗实施难以忍受的电击。被电击的狗十分痛苦，企图逃脱这个给它带来痛苦的笼子，但是它很快就发现笼子根本逃脱不了，所以狗只能在笼子里面狂奔和惊恐哀叫，甚至会屁滚尿流。

经过多次的实验后，狗已经通过条件反射习得了恐惧的情绪，只要蜂音器一作响，即使没有实施电击，狗也会趴在地上惊恐哀叫，但是却不再狂奔，因为许多次的经验让狗知道，除了默默承受以外别无办法。

后来，塞里格曼给狗打开了笼子的门，然后让蜂音器作响，但是却发生了一幕让塞里格曼十分吃惊的情景。狗不等电击出现，就开始倒地呻吟和颤抖，就好像被电击了一样，此时狗是拥有主动逃避这种被电击的痛苦感觉的机会的，但是它并没有这样做。塞里格曼把这种现象定义为“习得性无助”，具体是指因为重复失败或惩罚而造成的听天由命的行为。

除了打开笼子的实验方式外，塞里格曼还设计了一种新的方式。塞里格曼把狗放进了一个特制的箱子里，这个箱子被称为“往返箱”。所谓往返箱，就是将一个大箱子用隔板分成两个部分。当狗在往返箱的一边时，会受到电击。但是，如果狗能够选择主动的方式，即跳过隔板到达往返箱的另一边，就可以躲避电击。

对于一只没有接受过之前电击实验的狗而言，他会很快选择跳过隔板以躲避电击。后来，塞里格曼在每次实施电击之前都会使蜂音器作响。重复几次实验后，狗只要一听到蜂音器的声响就会立刻跳过隔板，不管到底有没有电击。

但是，当塞里格曼将之前接受过电击实验的狗放进往返箱中时，那只狗似乎已经习惯被电击了，总是老老实实地待在有电击的一边，被动等待电击的消失。

对于这种现象，塞里格曼解释道，正是因为以往的经验在发挥作用，让狗在一个新的环境中（从笼子中转移到往返箱）无法学习新的技能。也就是说，狗从之前的经验中得知，无论自己怎样努力都无法躲过电击，从而在新的环境中也放弃了这种尝试，这完全是习得性无助在作怪。

为了进一步验证习得性无助的理论，塞里格曼与梅耶决定使用可控电击和不可控电击的实验方式来观察对狗学习避免电击技能的影响。在这次实验中，塞里格曼选择了 24 条杂交犬，且每条狗的身高与体重都比较相仿。

这24条狗被随机平均分成三组，其中第一组的名字为“可控制电击组”，第二组的名字为“不可控制电击组”，第三组的名字为“无束缚控制组”。实验分为两个阶段。

在第一阶段内，可控制电击组的狗和不可控制电击组的狗各自被安排在一个特制的道具里，这个道具被称为“挽具”。在挽具之中，每条狗都会被单独套上狗套，这个狗套的作用是为了限制狗的活动，但并不是完全限制。在狗的头部的两边各有一个镶板，以保证狗的头部可以朝着正前方。此外，这个镶板同时还起到一个按钮的作用，狗可以通过移动头部来按压镶板。

不同的是，当可控制电击组的狗在接受电击的时候，它们可以通过按压镶板来结束电击。而对于不可控制电击组的狗而言，就没有这种主动选择的权利了，无论狗如何用头部按压镶板，都不可能结束电击。

虽然不可控制电击组的狗没有主动选择的权利，但是可以通过可控制电击组的狗按压镶板来结束电击。因为在这个实验中，不可控制电击组的狗与可控制电击组的狗是一一对应的，也就是说，这是一个相互匹配的实验过程。

在塞里格曼给两组的狗实施相同的电击时，可控制电击组的狗会通过按压镶板，从而避免被电击，而不可控制电击组的狗则只能静静等待可控制电击组的狗来结束电击，这实际上是一个被动等待电击结束的过程。无束缚控制组的狗就比较幸运了，在整个实验过程中不接受电击。

这两组的狗每隔90秒就接受一次电击，一共需要接受64次电击。实验结果显示，在这64次电击中，可控制电击组的狗学会通过按压镶板越来越快速地结束电击；但是，不可控制电击组的狗则在经历过30次试图按压镶板阻止电击的行为后，不再出现按压镶板的动作，而是静静地等待。

实验第二个阶段，在实验结束的24小时后，这24条狗都被放入往返箱内接受测试。在往返箱的箱面上装着两盏信号灯，当其中一盏信号灯熄灭后，电击将会在 10 秒钟后到达箱底，往返箱中的狗就会感觉到被电击。如果往返箱内的狗在一盏信号灯熄灭后的 10 秒钟内就跳到隔板的另一边，那么就可以主动避免被电击的厄运。如果不能，那么就只能等待 60 秒钟后电击自动消失。所有的狗都需要在往返箱内接受 10 次的测验。

在往返箱的测试中，可控制电击组的狗和无束缚控制组的狗都能学会通过跳跃隔板来避免被电击。但是，不可控制电击组中的绝大多数狗在 10 次测试中就有 9 次或 10 次的失败记录。过了 7 天之后，不可控制电击组的狗再次被送到往返箱内接受测试，结果依然有 5 条狗失败。

塞里格曼的习得性无助研究在心理学界产生了巨大的影响，随后有不少人用动物做有关习得性无助的实验，实验结果均证明了塞里格曼的结论。

例如，20 世纪 50 年代，哈佛大学的教授所罗门、坎明和维恩等人在做习得性无助实验的时候，就把 40 条狗放入往返箱内，中间的阻隔物只有狗背高。在实施电击的时候，所罗门等人会从往返箱的底部对狗发出电击。其中，第一组的狗在跳过隔板后就不会被电击，但是第二组的狗就没这么幸运了。

在实验中，每当第一组的狗跳过隔板后都会由紧张而松弛下来；但是，第二组的狗跳过隔板时会发出一声哀嚎。在第二组狗的往返箱内，中间不是隔板，而是透明的塑胶玻璃，这块玻璃是狗无论如何努力也无法跳过的。在实验初期，当狗试图跳到往返箱的另一边避免被电击时，却发现自己根本就过不去，于是狗就会出现颤抖、惨叫甚至大小便失禁的现象。

到了 20 世纪 80 年代的时候，依然有心理学家在做习得性无助的实验。例如，费城天普大学的菲利普·柏希就用老鼠做实验。在实验早期，柏希会训练老鼠识别警示灯，让老鼠知道只要警示灯一亮，那么 5 秒钟后就会被电击，只要能在 5 秒钟内跑到安全区，就不会被电击。当老鼠学会这一技能后，柏希就会把安全区挡住，再对老鼠实施电击。起初老鼠会试图跑进安全区躲避电击，但是却发现安全区根本无法到达。经过多次的重复实验后，即使柏希开放了安全区，老鼠依然不会跑到安全区内。

但是，习得性无助并不适合于所有动物，如鱼类就不会出现习得性无助。某大学的心理学家布朗等人就拿金鱼做过实验，并且花费了大量的精力为金鱼制作了一个特殊的穿梭箱。布朗等人对 45 条金鱼进行了 65 次电击实验。但是，实验结果显示，金鱼没有习得性无助。这可能与金鱼只有短暂的记忆有关。

既然多次实验均表明在动物身上的确存在习得性无助的现象，那么习得性无助是否会出现在人类身上呢？关于这一点，塞里格曼也考虑过并且设计和进行了相应的实验，这一次实验的对象是人，在 1975 年进行，实验主要分成两个部分。

这次实验在某所大学内进行，被试就是大学生，参加实验的被试被平均分成三个小组，其中第一组的被试被安排听一种噪音，但是不论这组的被试做出何种努力，都无法使噪音停止。第二组被试也被安排听噪音，但是他们可以通过自己的努力结束噪音。第三组被试不收听噪音。这是实验的第一阶段。

在这些实验都完成后，会进入实验的第二阶段。这个时候，所有被试都将接受一次测验。这个测验的装置是一口特制的箱子，被称为“手指穿梭箱”。当被试将手指放到手指穿梭箱的一侧时，就会听到一种让人难以忍受的噪音，但是如果被试能主动把手指放到手指穿梭箱的另一侧，那么这种噪音就会消失。

实验结果表明，第二组和第三组的被试在接受这项测试的时候，会学着寻找使噪音消失的方法，当他们发现把手指放到另一侧噪音就会消失时，他们就解脱了。

但是第一组被试由于在实验的第一阶段有无论如何努力都无法使噪音结束的经历，所以当他们把手指放到手指穿梭箱的一侧听到了刺耳的噪音后，他们会选择让手指停留在原处，而不会主动把手指移动到箱子的另一侧。

此外，塞里格曼还认为习得性无助会给学生的学习带来消极的影响。为了证明这一猜想，塞里格曼又进行了另外一项实验。这次实验紧接着手指穿梭箱的实验进行，参加实验的被试依然是同一批人。这一次，所有被试需要进行字母排列成单词的游戏，想要成功完成这个游戏，就必须掌握一定的排列规律。

实验结果表明，第一组被试由于在之前的实验中产生了习得性无助的感觉，所以在完成字母排列游戏的时候，成功率远远不如第二组和第三组的被试。

这种现象同样出现在婴儿当中，在 1977 年，芬克斯坦开始研究婴儿的习得性无助现象。在研究中，芬克斯坦会在两组婴儿的小床上方悬挂能够旋转的风动饰物。其中，第一组婴儿各自拥有一个压力敏感型的小枕头，只要婴儿移动自己的头部，就可以控制风动饰物的旋转。第二组婴儿的小枕头是普通的，而婴儿床上方所悬挂的风动饰物是否旋转，则是随机的，与婴儿的控制无关。实验一共需要进行两周，每天两组婴儿都需要面对风动饰物 10 分钟的时间。

实验结果显示，第一组婴儿在几天之后就能学会运用枕头来控制上方风动饰物的旋转。在实验结束后，芬克斯坦把第二组婴儿的枕头换成了压力敏感型的小枕头，但是第二组婴儿依然没有学会转动头部来控制上方风动饰物的旋转。从这一点看，第二组婴儿在掌握风动饰物的旋转上已经习得了无助感。

马丁·塞里格曼，美国著名的行为心理学家，著名学者和临床咨询与治疗专家，积极心理学的创始者之一，主要从事有关习得性无助、抑郁、乐观主义和悲观主义等方面的研究。塞里格曼曾经获得过美国应用与预防心理学会的荣誉奖章。塞里格曼还在精神病理学方面进行了研究并且取得了重大成就。在 1998 年，他当选美国心理学会主席。

塞里格曼于1942年出生于美国纽约州奥尔巴尼。在家乡读书时，他十分喜爱篮球运动，并且一度想成为篮球队的一员，但是没能入选，之后努力学习，并且开始接触心理学类的书籍。在1964年，塞里格曼从普林斯顿大学毕业，之后便进入宾夕法尼亚州立大学学习实验心理学，逐渐成长为一位杰出的心理学家。

温馨提示

塞里格曼所提出的习得性无助现象在现实生活中十分普遍，但并非不可避免。当一个人经历了多次失败后，其自信心会受到重创，这个时候很容易出现习得性无助的现象。想要避免习得性无助，就必须学会自我鼓励，只要有信心，就可以击败习得性无助，要告诉自己失败只是暂时的，而不是永久性的。

老实人说谎了怎么办
——认知失调实验

经验说：给的钱越多，越容易收买一个人。

实验说：情况恰恰相反。

1934年，印度发生了一场大地震。在地震过后，印度突然出现一种不可思议的谣言，大多数印度人都相信在地震灾区以外的地区将会有一次范围更广、震级更强的地震发生。这种谣言虽然没有什么科学依据，但是有十分强大的生命力，以最短的时间、最快的速度在印度传播开来。让许多人疑惑的是，既然谣言不可信，人们为什么还会选择成为谣言的传播者呢？而且，这个谣言还会引起大多数人的焦虑。

由于当时的心理学界中，行为主义流派的学习理论（操作性条件反射理论、强化理论等）比较盛行，而该学习理论又无法解释在印度出现的这种社会心理现象，所以，针对印度的地震谣言现象，人们很难给出合理的解释。终于有一天，有人提出了新的观点，谣言的出现并不是为了给人们增加焦虑，而是用来为焦虑做辩护。也就是说，那些即便远离地震灾区的人对地震也非常恐惧，但是由于他们身处地震灾区之外，本不应该害怕，因为地震距离他们很遥远，这种矛盾引起了灾区外人们的认知失调。为了调整这种认知失调，于是他们就开始散布谣言，以证明他们的恐惧是有原因的。也就是说他们的恐惧来源于未来可能发生的地震，传谣言是为了降低因认知失调而引起的内心紧张和焦虑，使他们对自己和世界的看法与自身的感受和行动相一致。

这种理论就是著名的认知失调理论。所谓认知失调，是指当你经历两种或多种相互间不协调的心理过程时，就会出现认知失调。而认知实际上就是一种心理过程，包括思想、观念、信仰以及态度等。当一个人出现认知失调后，就会产生心理冲突，从而使他放弃或改变其中一个认知，迁就另一个认知，以恢复之前认知和谐的状态。提出认知失调理论的人是里昂·费斯廷格，他提出认知失调理论的灵感就来源于1934年印度大地震后谣言广泛传播的现象。

其实，在费斯廷格提出认知失调理论之前，有不少心理学家早在20世纪50年代就开始研究这种现象了。在实验研究中，研究者会要求被试发表演讲，而演讲所支持的观点与被试的观点正好相悖。实验之前，研究者认为被试在演讲过后应该还会坚持自己的观点。但是实验结果却正好相反，被试在准备演讲的过程中渐渐开始支持演讲中的观点。也就是说，被试在被强迫的情况下，一遍遍演讲与自己相反的观点，结果就改变了原先的态度，开始赞同自己所演讲的内容。这种现象在费斯廷格看来就是认知失调后引起的不适感和紧张感造成的。而这种感觉会促使当事人作出某种改变，以减轻这种感觉带来的痛苦，从而使自己的行为或认知与外在环境达到一致的和谐状态。因为当外界环境无法改变而个人又倍感压力时，除了改变自己的态度以外，别无选择。

当然，认知失调只是费斯廷格所提出的理论，当时的研究者并不这么认为，他们对这种现象的解释是，被试在内心反复练习演讲内容或是寻找与演讲有关的论据时，必须站在相反的立场上，所以便出现了迫使自己相信演讲中的观点与立场的结果。

研究者为了进一步研究这种现象，决定在下一项实验中加入金钱奖励的措施。在实验进行之前，研究者认为，被试所得到的金钱奖励越多，那么越容易接受与自己观点相悖的演讲内容。但是实验结果让研究者大跌眼镜，事实与研究者的预测截然相反，当研究者给被试的金钱奖励越多时，被试的观点反而改变得越少。

对于这种现象，研究者一直没有给出一个合理的解释，直到几年后费斯廷格提出了认知失调理论。按照认知失调理论，在被试得到的金钱奖励较少的情况下，被试反而容易产生较大的认知失调，因为被试没有充足的理由为违背自己观点的演讲做辩护，所以被试就只好改变自己的观点了，从而促使演讲的观点与自己的观点或行为相互一致或达到一种和谐的状态。相反，当被试得到了较多金钱奖励的时候，就会告诉自己之所以演讲那些与自己观点相悖的内容，是为了得到金钱。此刻，被试的认知失调不至于达到需要改变观点的程度，也就是说获得金钱奖励是被试演讲的理由。

而费斯廷格的认知失调理论也是经过实验验证的，同他一起进行实验的还有他的助手詹姆斯·卡尔史密斯。

费斯廷格为了能让被试在实验中体会到那种认知失调的真正感受以及达到自己实验的目的，决定向被试隐瞒这次实验的真实目的，不然该实验就会以失败告终。费斯廷格决定在这次实验中让所有被试完成两项枯燥的任务，然后他会询问所有被试对实验任务的真实感受并且进行评定。最后，再对不同小组被试的真实感受是否存在差异进行比较，并且得出相应的结果来证明认知失调理论。

费斯廷格在招聘被试的时候，首先在大学里发出通知，要求所有学习心理学导论课程的学生必须在一学期中以被试的身份参加三个小时的心理学实验。学生具体想要参加哪个实验，完全可以通过查阅布告栏进行选择，布告栏中贴着许多心理学教授和研究生正在进行的心理学实验。其中包括了费斯廷格的实验，他实验的名字叫作行为测量。最终，费斯廷格招聘了71 名男生为被试，而且还是正在学习心理学的低年级男生，被试需要按照规定时间到规定地点参加实验。

等所有的被试到达实验室后，费斯廷格首先把所有被试随机划分成三个小组。然后，费斯廷格会告诉所有被试："虽然这个实验需要花一个多小时的时间，但是我希望你们能做好花两个小时的心理准备。在实验结束后，一定还有一些剩余的时间，到时候你们需要接受访谈，谈一下自己的感受。在实验开始后，你们的面前会有一个装着 12 个线轴的托盘。你们需要从托盘中逐一拿出 12 个线轴放在桌子上，然后再逐一将这 12 个线轴放进托盘中，并且如此循环往复。这项简单的工作你们需要进行 30 分钟。在完成这项工作之后，你们还需要完成另一项工作。到时候，我会给你们每个人一块钉有 48 个方栓的木板。你们每个人的任务就是将木板上的每个方栓按照逆时针和顺时针的不同方向分别旋转 90 度，如此循环往复 30 分钟。"

费斯廷格之所以设计两个这么枯燥乏味的工作，就是为了让所有被试产生一种一致的消极体验或感受。在这两项任务完成后，实验的重头戏才真正上演。

费斯廷格会按照之前所划分的小组，把每个小组分别安排在三种不同的实验环境中。其中一组是作为控制组而存在的，所以在完成上述两项工作后，他们直接接受访谈，表达自己对刚刚完成的两项任务的感受。剩下的两组则需要继续进行下一个环节的实验。

两组被试被分别安排在不同的房间内，实验者会对第一组被试说："我们的实验出现了一点小疏忽。你们这一组的被试在参加实验之前不会得到与实验相关的任何信息。但是，在你们之后还有一组被试需要参加这次的实验。这组被试在参加实验之前，我们会安排人告诉他们，这次的实验十分有趣。但是，负责解释的人因为生病没有来，我们的人手不够了，需要你们的帮助。你们需要向前来参加实验的被试说：'这次实验任务十分有趣，很好玩，我十分喜欢。'"事实上，那个所谓的下一组被试根本就是实验者们假扮的，也就是说这是一个被刻意设计的实验环节。当然，实验者为了让这两组被试留下来“帮忙”，还对他们说：“如果你们能留下来帮助我们，我们将会给予你们一定的报酬。”实验者承诺给第一组被试1美元（在1959年，身为学生做这么一点儿小事就可以获得1美元的报酬，也是不错的）；实验者承诺给第二组被试20美元的报酬，这可以说是一笔“巨款”，非常有诱惑力。也就是说，第一组被试撒谎可以得到1美元的报酬，第二组被试撒谎可以得到20美元的报酬。

然后，实验者会带着被试来到一个房间内，让被试与“新来的被试”单独待上2分钟的时间。在2分钟后，被试会被实验者带到访谈室内接受调查，让被试谈谈对这次实验中所执行的两项任务的真实感受与看法。这个访谈的环节与之前对控制组所进行的访谈完全一样。当然，实验者还会对被试所提供的帮助表示感谢。

这一切听起来似乎挺容易的，而且还可以赚到一点儿钱。但事实并非如此，假设你是被试，被实验者介绍给下一位被试，而这名被试将要去做你刚刚完成的任务。按照实验者的要求，你需要违心地告诉这个人，实验任务十分有趣，这会让这个人对实验任务产生很高的期望，从而可以想象在真正执行实验任务时他会多么失望。而这一切都是你的谎言造成的，这个时候你会有强烈的后悔或内疚的情绪。就在这个时候，实验者出现了，他不仅再一次对你表示感谢，同时还告诉你说，许多人都觉得实验任务十分有趣，希望你也这么看。这一切都在动摇着你对实验任务的真实看法，你会产生不适，因为你的认知失调已经开始。

事实上，因为此次实验过程中的某些疏忽，从而使11名被试的材料出现错误，没有进入最后的环节中。所以，每组的被试最终是各20名。被试被引导进入采访室内，在这里，被试需要回答的第一个问题是：“这两项实验任务让你觉得有趣而且令人感到愉快吗？”这个时候，第一组的被试往往会停顿一下，并且开始思考。第一组的被试觉得这两项实验任务看起来似乎没有刚才那么无聊了。有的被试甚至认为，线轴与钉子的重复运动中似乎蕴含了一种对称美。而且，这两项实验任务是为心理学做贡献，是一种有价值的劳动。这个时候，第一组的被试都给予了实验任务比较有趣的评价。

除了这个问题之外，被试们还需要回答两个问题。其中一个问题是：“你觉得自己所完成的实验任务是在测量某种重要的东西吗？”另一个问题是：“你是否还愿意参加一项类似的实验任务？”

统计结果显示，第一组被试比第二组被试以及控制组更喜欢这两项实验任务。对于这种现象，费斯廷格的解释是，当人们从事某种与自身态度不相符的行为时，如果他们有这样做的理由，如获得20美元的报酬，那么他们所体验的认知失调就比较弱，从而不会出现改变观点的强烈动机。而对于获得较少报酬的被试来说，1美元的报酬不足以成为他们撒谎的理由，所以会出现因为认知失调所引起的不适感，于是他们之后为调整这种认知失调的状态而改变自己的观点。

对于第一组被试来说，一开始他们也认为实验任务十分无聊而且枯燥。但是后来，实验者付钱给他们，让他们告诉另外一个人实验任务很有趣。如果被试是一个不会随便撒谎的人，那么他就需要解决一个矛盾，这个矛盾就是作为一个诚实的人的真实看法与对下一个被试撒谎的行为之间的矛盾。而他们所得到的1美元的报酬又很难安抚自己因为撒谎而产生的内疚感，他们的心里或许会想：“能得到1美元确实挺不错，但是似乎不是那么有分量。”

对于第二组被试来说，就没有必要经历这些心理矛盾了。因为他们所获得的报酬足够多。他们的心里或许会想：“我为了得到20美元而撒谎，20美元对于像我这样的学生来说不算少，足以为我所说的无伤大雅的谎言买单了。”这个时候，无论实验者告诉被试什么，他都不会改变自己最初对实验任务的看法——无聊。

在实验结束后，因为所有被试都是同一所学校的，所以被试们开始和同样参加了实验的朋友聊天。这个时候，一个重要的区别出现了，他们在探讨有关线轴与钉子的任务时，出现了不同的观点。其中一个人（第二组的被试）说："哦，那两个任务真是无聊透顶了，我给了最低的评价。"但是，他却遭到了同伴（第一组的被试）的反驳："不，其实没有那么糟糕。你可以仔细回想一下，那两项任务还是挺有意思的。"结果，对方就出现了不可思议的表情。

一种新的理论的提出总会受到多方面的质疑。有许多研究者会在费斯廷格研究的基础上进行各种研究，来检验费斯廷格所得出的认知失调理论。

在一项实验中，研究者就用儿童游戏的行为进一步证明了费斯廷格的认知失调理论。研究者会先给儿童提供一些玩具，其中有一种玩具是不允许儿童玩耍的，如果玩了就需要接受严厉或轻微的惩罚。然后，再检验儿童对玩具的喜爱程度。实验结果发现，那些受到严厉惩罚的儿童并未改变自己对玩具的喜爱程度；但是，那些接受了轻微惩罚的儿童却改变了自己对玩具的态度。这个实验结果说明，严厉的惩罚成了儿童解释自己行为的依据，但是受到轻微惩罚的儿童却没有这样的依据，所以只好改变自己对玩具的态度。

有的人还在费斯廷格研究的基础上研究了人们在作决策后所出现的认知失调。在实验之前，实验者提出了一种假设，当一个人面对相似的选择时，很容易出现难以取舍的感觉，从而会引起认知失调；但是如果面对完全不同的选择，那么就很少会出现认知失调的现象。

在实验中，实验者会让女性被试观看八种东西，如闹钟、收音机、热水瓶等，然后请被试写出自己对每件东西的喜爱程度。接下来，实验者会从这八种东西中拿出两样东西让被试看，并且告诉被试："你可以拿走其中一件作为赠品。"

不同小组的被试所看到的两样东西是不一样的，其中第一组被试所看到的两样东西比较相近；但是第二组被试所看到的两样东西相差甚远。等所有被试都选择完毕后，实验者会让大家再重新写出自己对每件东西的喜爱程度。

实验结果发现，第一组被试由于出现了较高程度的认知失调，所以对物品的喜爱程度发生了较大的变化。通常，第一组的被试对自己所选的物品给予了较高的评价，而对于二选一中被迫放弃的物品给予了较低的评价。事实上，在实验前期，被试对两样物品的喜爱程度十分相似。而第二组的被试由于很少出现认知失调或是出现了较低的认知失调现象，所以对物品的喜爱程度并没有发生什么变化。第一组被试这么做的原因，是为了避免决策后的认知失调。

里昂·费斯廷格，美国著名社会心理学家。1919 年 5 月 8 日，费斯廷格出生在美国纽约布鲁克林的一个俄国犹太人移民家庭。费斯廷格的父亲亚历克斯·费斯廷格是一名刺绣制造商，而且还是自学成才的。

费斯廷格在 1939 年获得了纽约市立大学心理学学士学位，后来前往艾奥瓦大学攻读心理学研究生，并在 1940 年获得了艾奥瓦大学的硕士学位。后来，费斯廷格继续深造，于 1942 年获得了艾奥瓦大学心理学哲学博士学位。此外，他还成为了艾奥瓦大学的副研究员。后来，费斯廷格相继到罗切斯特大学、麻省理工学院、密歇根大学、明尼苏达大学、斯坦福大学任教。

费斯廷格主要研究人的期望、抱负和决策方面的心理现象，并且用实验的方式研究了偏见、社会影响等社会心理学问题。其中，费斯廷格所提出的认知失调理论产生了很大的影响，于 1959 年获得了美国心理学会所颁发的杰出科学贡献奖，于 1972 年当选为美国国家科学院院士。费斯廷格在艾奥瓦大学学习期间，曾在 K. 勒温的指导下从事研究工作，并且跟随勒温进行了关于欲求水准的研究，还提出了相应的理论，即社会比较理论，促进了团体动力学的发展。尽管费斯廷格的主要贡献在社会心理学方面，但他还是在 1968 年离开了社会心理学领域，开始专注对知觉问题的生理心理学的研究。

温馨提示

认知失调理论在说明一些社会心理现象的同时，也告诉我们强化与心理行为改变之间的关系。心理学界中的行为主义流派认为，强化对一个人心理行为的改变起着重要作用，并认为强化就是改造现代社会的理论武器。但是，费斯廷格所提出的认知失调理论打破了强化理论的神话。强化的确可以改变一个人的行为，但是这只是暂时的被迫服从，如果外界的强化消失，行为就会恢复。所以想要改变一个人的行为，还必须使他的态度发生改变，其中引起认知失调可以使一个人的观点或态度发生改变。

◪ 心理学家的脑筋急转弯
——心理定势实验

经验说：经验丰富是人的一种优势。

实验说：以往的经验有时会让人走进误区。

在一项实验中，实验者向被试提出了这样一个问题："一位公安局局长在路边同一位老人谈话。这个时候，有一个小孩跑过来急促地对公安局局长说：'你爸爸和我爸爸吵起来了！'老人问：'这个孩子是你什么人？'局长回答：'这是我儿子。'接下来，请你回答：这两个吵架的人和公安局局长是什么关系？"在一百名被试中，只有两个人回答对了。后来实验者在对一个三口之家问这个问题时，父母没有答对，但是孩子却很快说出了正确答案："局长是个女的。吵架的一个是局长的丈夫，也就是小孩的爸爸；另一个是局长的爸爸，也就是小孩的外公。"

为什么许多成年人回答不出这么简单的问题，但是小孩却可以轻易说出正确的答案呢？这是心理定势在起作用。心理定势的概念首先是德国心理学家 G. E. 缪勒和 F. 舒曼提出来的。所谓心理定势，就是指由一定的心理活动形成的准备状态，从而对以后的感知、记忆、思维、情感等心理活动或行为起正向或反向的作用。

一个人在社会化的过程中，不但会获得知识经验，也会养成一定的习惯、行为方式和个性倾向，这些习惯或方式会使得个体在从事某项活动之前，就形成了一种心理准备的状态，也就是心理定势。

在上述问题中，按照成年人的经验，公安局的局长应该是男性，因而从男性局长这种心理定势的角度进行推理，自然找不到正确的答案。但是对于小孩子来说，他没有这方面的经验，因此也就不会受到心理定势的限制，从而一下子就回答出了正确的答案。

心理定势有时候可以帮助我们以最快的速度解决问题，但是有时候也会妨碍问题的解决。关于这一点，美国著名心理学家迈克首先用实验进行了证明。在实验中，迈克会对其中一部分被试用指导语给予暗示，来帮助他们解决问题；但是另一部分被试就没有此项“福利”，需要靠自己解决问题。结果发现，前者绝大多数都可以解决问题；后者却几乎没有一个能解决问题。这个实验结果说明了心理定势可以帮助我们解决问题。

后来，陆钦斯用实验证明，心理定势会妨碍问题的解决。在实验中，陆钦斯会给被试提供三个大小不同的杯子，并且要求被试利用这三个杯子量出一定量的水，三个杯子分别用 A、B、C 来表示。

在第一个问题中，陆钦斯会用图告诉被试解决问题的办法，也就是该如何用三个杯子量出所规定数量的水，如采用 B–A–2C 的方式。接下来，被试还需要解决四个问题，也就是第二个问题至第五个问题。这些问题的解决方式与第一个问题相似，算是一个培养心理定势的过程。

然后，被试会被安排解决第六个和第七个问题，这是整个实验的关键所在。这两个问题的解决不需要采用 B–A–2C 的方式，而是应该用 A–C 或 A+C 的方式解决。这种解决方式比 B–A–2C 的方式简单多了。但是，被试能够直接解决问题的比例很小。这是因为被试过去一直使用一种方式来解决问题，从而无法发现更简单的解决方式，这完全是心理定势在作怪。

除此之外，这项实验也说明了心理定势的优势所在。在实验中，陆钦斯把被试划分为两个小组，其中一组作为实验组，另一组则是控制组。实验组在解决第一个问题至第五个问题时速度很快。因为他们有解决这些问题的经验，完全可以按照心理定势来进行。但是控制组的被试在解决这些问题的时候，速度通常没有实验组快。

这个实验说明，当人们屡次使用某种解决问题的方式的时候，会自然而然地形成一种心理定势，并且倾向于一直使用这种方式，解决类似问题的速度也会变得越来越快。这是心理定势的优势所在，当心理定势被用在适合解决的问题上时，就会促进问题的解决；但是如果事态发生了变化，还继续用心理定势来解决问题，那么势必会产生消极的作用，从而阻碍问题的解决，这便是心理定势的劣势所在。

温馨提示

不同的事物之间既有相似性也有差异性。心理定势主要着重于事物间的相似性和不变性。在解决问题的过程中，心理定势会以处理问题的常规思维方式来应对，这可以省去摸索和试探的过程，从而缩短思考的时间，提高效率。

但是，心理定势不利于创新思考与创造活动，之前就问题的解决所形成的心理定势往往会阻碍新问题的解决。所以，当我们面对一个需要解决的问题时，首先按照心理定势去解决。如果问题得以解决，那么就说明心理定势的优势起到了应有的作用；如果问题没有得到解决，那么就暂时放弃已有的心理定势。暂时放弃实际上就是让自己主动忘记以前的解决方式，也就是抛弃心理定势对我们的影响，从而创造新的解决方式。

与世隔绝的俾格米尔人——知觉恒常性实验

经验说：是人都知道看东西时“远小近大”的道理。

实验说：有些人由于条件不允许，并不具备这种被称为“知觉恒常性”的能力。

知觉恒常性是我们在日常生活中所使用的一种按照规律和意义组织混乱的感觉信息的策略，是一种经验产物。也就是说，当客观条件发生一定范围内的改变时，我们的知觉映像依然会在一定程度上保持着它的稳定性。知觉恒常性的种类主要有以下几种：形状恒常性；大小恒常性（如当远处的一个人向你走近的时候，他在你视网膜中的图像会逐渐变大，但是知觉恒常性就会告诉你他的身体并没有发生大小变化）；明度（或视亮度）恒常性；颜色恒常性（如绿色的东西在红光的照射下会发生颜色的改变，但是你依然知道它就是绿色的）。

这种知觉恒常性是我们从日常生活中的经验中获得的，并不是先天就具有的。既然如此，那么是什么样的经验让我们拥有了知觉恒常性的能力呢？是否所有人类都具有这种能力呢？科林·特恩布鲁的实验研究结果可以很好地解释上述问题。

在大多数人的眼中，心理学实验与其他科学实验一样，都应该是由专业的心理学家在心理实验室内进行的。实际上，有许多重要的心理学实验并不是由专业的心理学家完成的，有些甚至不会在实验室内进行。特恩布鲁就是一个有力的证明。

特恩布鲁并非心理学家，而是一位人类学家。在 20 世纪 50 年代末 60 年代初的时候，特恩布鲁进入扎伊尔（如今的刚果民主共和国）的巴姆布提森林中，专门寻找一个原始部落，即俾格米尔部落，以研究俾格米尔人的生活习俗和文化现象。

在特恩布鲁找到俾格米尔部落之后，就在那里开始考察研究，同时还为自己找到了一名当地的向导，他的名字叫作肯格，是一名 22 岁的俾格米尔小伙子。有一次，特恩布鲁想要外出，去寻找一个与俾格米尔部落相距不远的部落。这段行程需要穿过一座森林。所以特恩布鲁决定和肯格一起开车去。

特恩布鲁将车开到一座小山的东边，那里的树木大都被人们砍伐了，由于树木稀少，所以从这座小山上就可以看见远处耸立的一座高山。这种情景对于特恩布鲁来说司空见惯，但是对于肯格来说却十分稀奇，因为他从小就生活在茂密的丛林中，从未见过远处的风景。

肯格指着远处的高山问特恩布鲁："那到底是山还是云雾？"特恩布鲁肯定地告诉他说："那当然算是座高山了。"虽然听到特恩布鲁的肯定回答，但是肯格依然一头雾水，因为他从未见过这样的山，在肯格所生活的丛林中，山很少见，即使有山也绝对没有眼前的高大。

这时候，特恩布鲁问道："你有没有兴趣和我一起去近距离观察那座山？"肯格犹豫了一会儿后同意了。但是当他们上车的时候，天气突然变糟，开始下起暴雨来，暴雨使能见度大大降低，因此肯格无法看到渐渐靠近高山的情景。但是，等特恩布鲁和肯格到达目的地的时候，暴雨正好停止。

这个时候，他们两个看到了一座没有任何云雾遮挡的高山，特恩布鲁表现得跟之前一样镇定。但是，肯格却惊讶得说不出话来。肯格觉得眼前的这座高山似乎一瞬间就变得如此高大了，和之前所看到的完全不一样。

等特恩布鲁和肯格准备离开的时候，肯格在一望无际的平原上放眼望去，看见远处有几头野牛正在悠闲地吃草，于是就问特恩布鲁："那是什么昆虫？"特恩布鲁回答道："那不是昆虫，而是野牛。"肯格不相信特恩布鲁的话，觉得他是在开玩笑，并继续追问那到底是什么昆虫。但是，特恩布鲁依然告诉他那是野牛，并非昆虫。这个时候，肯格开始自言自语起来，觉得自己的同伴就是一个傻瓜，实在不够聪明，居然试图混淆了野牛和他所常见的昆虫。

特恩布鲁看到肯格依然不相信，于是决定用事实来证明给肯格看。特恩布鲁开车逐渐靠近那几头正在吃草的野牛。肯格虽然是一个勇敢的年轻人，但是当他看到那些动物的身体逐渐变大的情景后，会不由自主地向特恩布鲁靠近，并且小声地对特恩布鲁说："这附近一定有魔鬼，这绝对是魔鬼的法术。"

等特恩布鲁和肯格真正靠近野牛，看见野牛的真实大小的时候，肯格的恐惧情绪便消失了。但是肯格的疑惑依然没有消失，他想不明白为什么这几头野牛之前看起来那么小，却突然之间变得这么大，肯格甚至怀疑这几头野牛是在突然之间长大的，或者是有人在耍花样。

在回到森林前的日子中，肯格在特恩布鲁的帮助下开始观察远处的物体以及动物，并且猜测它们是什么。过了一段时间后，特恩布鲁明显感觉到肯格已经没有了之前的恐惧感，而且看得出来，肯格正在让自己努力适应这种全新的视觉信息，肯格学习得非常快。

肯格之所以会弄不清楚远处的物体，是因为他缺乏大小知觉恒常性的能力，不止肯格一人，整个俾格米尔部落的人都没有这种能力。这就解释了为什么知觉恒常性能力是后天获得的，而不是先天就拥有的。俾格米尔人常年生活在茂密的丛林之中，没有看过开阔的景象。据特恩布鲁的考察发现，所有俾格米尔人视线范围通常被限制在三十米以内。所以，俾格米尔人没有发展大小知觉恒常性能力的条件。

温馨提示

知觉恒常性常常被应用在电影特技之中。例如，电影导演为了设计一个轮船在大风暴中颠簸的景象，就可以用一艘0.6米长的轮船模型在特殊布置的水池中进行拍摄，从而得到自己想要的场景。而我们在看电影的时候，通常会认为这艘船与真实船只的大小一样。这个时候，我们的大小知觉恒常性能力似乎并没有起作用。事实上，我们并没有丧失大小知觉恒常性的能力，只不过在观看电影的时候，缺少了能提供线索的参照物而已。

深度知觉能力是天生的吗——视崖实验

经验说：我们都能感知深度，所以才不会从 10 楼往下跳。

实验说：这种深度知觉能力是先天的还是通过后天学习获得的，至今还没有定论。

人类感知外在世界的能力是先天就拥有的，还是通过后天学习获得的？这是一个让许多心理学家感兴趣的问题，是有关人类感知外在世界能力来源的问题。在人类所具有的许多知觉中，视觉是最重要的一种感知能力，可以帮助我们感知和了解周围的世界。有关视觉感知能力也有先天与后天的疑问。不过，一个真实的例子引起了许多心理学家对视觉感知中的深度知觉能力的疑问，因为这个例子提醒我们深度知觉能力是后天获得的。

有一位名叫 S. B.（字母代替真名）的先生，先天性失明，自从生下来就一直在黑暗中度过，其视觉知觉能力完全不起作用。但幸运的是，在 S. B. 先生 52 岁的时候接受了一次眼角膜移植手术并且成功见到了光明。但是，重获光明后的 S. B. 先生却面临着许多问题，因为他不像正常人一样拥有视觉感知能力，尤其是对深度的知觉能力。也就是说，S. B. 先生不能像我们一样去感知世界。例如，在 S. B. 先生做完手术后的一天，他从医院大楼四楼的窗户向外看，看到了许多小东西，而且这种小东西还一直在地上不停地移动着。这让 S. B. 先生感到十分吃惊和好奇，于是他就想探头出去，看看楼下面的小东西到底是什么。他自然不知道自己这么做有多危险，甚至会危及自己的生命。幸好医务人员碰巧来查房并且阻止了他。事实上，S. B. 先生所看到的小东西并不是什么稀奇的物体，只是一些汽车而已。这说明，虽然 S. B. 先生恢复了视觉能力，但是却没有深度以及大小恒常性的知觉能力。

许多心理学家认为，不论是动物还是人类，所拥有的视觉深度知觉能力是最重要的一项能力，没有之一。如果没有了深度知觉能力，那么动物将很难在自然界生存下来，因为它无法判断危险距离自己有多远，也无法预知前面的悬崖有多危险。对于人类而言，如果没有了深度知觉能力，在人类社会的庇佑下虽然可以生存下来，但是却会面临许多意想不到的困难与痛苦。

虽然 S. B. 先生的例子告诉我们深度知觉能力是后天形成的，但是心理学家还是想通过实验研究来寻找这种理论的证据或是用实验推翻这种理论。心理学家埃莉诺与沃克认为，婴儿在学习爬行和走路的时期，很容易从较高的地方摔下来，或是在较低的地方摔跟头。因此成人在看护婴儿时必须提高警惕，以防止婴儿爬到儿童床的床栏边或楼梯口处。当婴儿的肌肉协调能力成熟后，他们就可以避免自己跌落。也就是说，婴儿是从经验中学会了辨别容易跌落的地方，或者说是从自己有过的跌落受伤的经验中进行学习。

埃莉诺和沃克想在实验室内研究人类所具有的深度知觉能力，于是他们便很自然地想到了用刚出生后不久的婴儿作为被试，从而研究婴儿是否具有深度知觉能力，这就是著名的视崖实验。

最容易检查被试是否拥有深度知觉能力的方式之一就是营造一个断崖情景，也就是用模拟的视觉断崖来代替真正的断崖，这样既可以达到实验的目的，又不会给被试带来伤害。为此，埃莉诺与沃克决定在实验中使用一张四英尺高的长方形桌子，桌子顶部是一块透明的厚玻璃。桌面的中央有一个一英尺宽的隔板，从而将桌子一分为二。桌子的一半上铺着一层红白相间的方格纹桌布，桌布上面则是很厚的玻璃；桌子的另一半上则没有桌布，只有一层厚厚的玻璃，可以透过玻璃直接看到下面的地板。而地板上则铺着与另一半桌面上一样的红白相间的方格纹桌布，但是看起来却像一个深渊。

这次实验的被试均为6个月～14个月大的婴儿，还有婴儿的母亲。埃莉诺和沃克也想用更小的婴儿作为被试，这样对实验更有利，但是由于人类的身体发育非常缓慢，而6个月以下的婴儿是无法完成这样的实验的。

实验开始后，婴儿被放在桌子中央处，也就是有隔板的地方，然后婴儿的母亲分别从桌子的两边召唤婴儿朝着她爬过来。实验中，36名婴儿中有9名婴儿拒绝离开中央的隔板处，实验者认为这可能是因为这9名婴儿的性格比较固执。

而剩下的27名婴儿，当母亲在有桌布的一边呼唤时，所有婴儿都会毫不犹豫地离开中央隔板处，朝着母亲爬过去；而当母亲在没有桌布的一边，也就是视崖边缘处呼唤时，婴儿们分别出现了不同的反应。其中3个婴儿虽然犹豫着，但是依然爬过了视崖。但是剩下的婴儿拒绝爬过视崖，甚至还会不由自主地退到另一边有桌布的地方。其中有的婴儿甚至还会因为不能与母亲会合而哭泣；有的婴儿会伸手去拍视崖上面的玻璃以确定是否安全，但即便如此，他们也不敢爬过去。

这说明，婴儿已经意识到了视崖深度的存在，人类婴儿具有深度知觉能力。但是却无法证明，人类所拥有的深度知觉能力到底是天生的，还是后天学习获得的。因为这项实验中的婴儿被试都是6个月以上的，也就是说婴儿已经具有了至少6个月的生活经验，他们在此期间或许已经通过尝试或是犯错误学会了辨别深度。

为此，埃莉诺与沃克又设计了一项类似的实验，在实验中用幼小的动物作为被试。因为与人类相比，动物在出生后的短时间内就可以学会爬行。他们所选择的动物有小鸡、小海龟、小老鼠、小羊、小猪、小猫、小狗。这是一幕十分有趣的现象，许多可爱的小动物汇聚在康奈尔大学的心理学实验室内参加实验，如果它们是在同一天内接受视崖实验，那么将会变得更加热闹。

在实验中，当实验者把刚出生不到24小时的小鸡放到视崖上接受测验时，小鸡不会犯下走进深渊的错误，小羊也是如此。当实验者把出生仅有一天的小羊强行放到视崖上的时候，即使小羊并没有跌落，但是它依然变得惊讶和恐惧，而且还做出了防御性的动作。但是当实验者把小羊放到有桌布的那一半桌面上时，小羊立刻变得轻松自在起来，甚至还会跳来跳去。小猫具有夜行的能力，并且会使用胡须来探索外界，这似乎说明视觉对小猫来说并不是那么重要。但是在视崖实验中，小猫也出现了类似的反应。这一结果说明，视觉控制着动物的感觉与反应，即使动物在视崖上是安全的，它们依然会出现恐惧的反应。

但是，小老鼠在参加视崖实验的时候却表现得十分“愚蠢”，因为它们没有表现出该有的恐惧。关于这一点实验者解释道，这并非说明老鼠比其他动物愚蠢。老鼠是昼伏夜出的动物，一般在夜间活动和觅食，它们需要依靠嗅觉的帮助，视觉一般起不到什么作用。而老鼠在黑暗中活动的时候，会依靠鼻子上坚硬的触须感知物体。因此老鼠在视崖实验中，不会依赖视觉感知，而是依赖触须感知玻璃。不论是视崖处还是有桌布的地方，对老鼠来说没什么区别。

在拿小海龟做实验的时候，出现了一个模棱两可的结果。实验前，实验者认为小海龟可能会朝着视崖处爬行，因为它们所生活的环境是水里。但是实验结果是，有76%的小海龟选择走向有桌布的一边，另外24%的小海龟则选择走向视崖处。

对于这个实验结果，埃莉诺和沃克的解释是，这是进化的结果。如果一种动物所生存的环境要求它们刚能独立行走的时候就具有深度知觉能力，以免自己受到伤害，那么它们就会具有良好的深度知觉能力，否则就没有。

这种解释不仅适用于小海龟身上，同时也可以解释整个实验。对于不同种类的动物而言，如果它们想要获得独立生存的能力，就必须拥有深度知觉能力。对于人类而言，深度知觉能力通常在出生后的 6 个月左右才会形成；而对于鸡和羊来说，它们需要在出生后的 1 天内就拥有深度知觉能力；对于老鼠、猫和狗来说，大约在出生后 4 周才能获得深度知觉能力。

最终，埃莉诺和沃克认为，深度知觉能力是动物天生就拥有的。如果深度知觉能力需要通过后天的学习获得，那么势必会给当事者带来许多潜在的、致命的危险。

既然如此，那为什么人类婴儿还会出现摔跤的现象呢？埃莉诺和沃克认为，这是因为婴儿的深度知觉能力比行动技能成熟得早。例如，在实验中，当婴儿爬向有桌布的一端时，通常会以视崖处的玻璃作为转身的支撑点，如果视崖处没有玻璃的话，那么婴儿则会跌落受伤。而且，有的婴儿甚至会在转身的时候直接跌落在视崖处。

尽管埃莉诺和沃克的这项实验研究十分经典，但是却遭到了许多人的非议。因为实验中很难排除早期学习对深度知觉能力形成的作用。因此，有不少心理学家进行了后续的实验研究，只不过把被试婴儿换成了更小的，只有 2 个月 ~ 5 个月大。

在埃莉诺和沃克的实验中，他们观察到婴儿在视崖处出现了防御性的行为。在这一次的实验中，实验者依然会把婴儿放到临近视崖处的玻璃上，但并不观察婴儿会有什么举动，事实上这么小的婴儿也很难做出什么举动，他们甚至连最基本的爬行都不会。实验者改成测量婴儿的心率，进而推测婴儿的内心活动。

实验发现，所有婴儿的心率都出现了下降的现象。如果婴儿对视崖感到恐惧，那么它们的心率应该会加快而不是变慢。婴儿心率下降的现象说明婴儿对眼前的视崖很好奇和感兴趣。这一现象说明，婴儿还没有获得深度知觉能力。也就说明埃莉诺和沃克的实验结论是错误的，深度知觉能力是通过后天学习获得的。

在另一项实验中，实验者拿 1 岁的婴儿作为被试，并且把视崖的深度由埃莉诺和沃克实验中的 4 英尺改为 30 英寸。而且，还对母亲这一实验因素进行了微小的改变，让母亲在召唤孩子的时候分别作出担心恐惧与轻松快乐两种不同的表情。实验发现，当婴儿需要离开间隔处走向视崖的时候，会停下来往下看，但是如果母亲作出了轻松快乐的表情，那么婴儿就会鼓起勇气穿越视崖；如果母亲作出了担心恐惧的表情，那么婴儿则不会穿越视崖。当实验者把视崖深度变成 0 的时候，不论母亲作出何种表情，婴儿都会毫不犹豫地穿越视崖。

埃莉诺 · J. 吉布森，1910 年出生于一个典型的基督教长老会家庭。父亲是一名成功的商人，母亲虽然受过高等教育，但是从未参加过工作。中学时期的埃莉诺学习成绩非常优异。由于当时的社会风气不鼓励女子接受教育，所以埃莉诺就养成了收敛自己才华的习惯。这种习惯伴随了埃莉诺的一生，她很看淡自己所取得的成绩，只是试图不断地超越已取得的成就。中学毕业后的埃莉诺按照家族传统，进入马萨诸塞州的史密斯学院学习，这是一所久负盛名的女子学院，是一个不仅允许甚至鼓励女性成为学者、科学家的地方。也就是在这里，埃莉诺第一次接触到了心理学，史密斯学院对埃莉诺来说是一个影响了她一生的地方。

后来，埃莉诺与詹姆斯 · J. 吉布森结为夫妻。至于埃莉诺为什么会选择詹姆斯，詹姆斯日后回忆道："为什么一个魅力四射的女孩会选择嫁给我这样一个贫穷的教师，而不是一个富有的商人？我觉得因为对于我的妻子而言，学术生活更加吸引她，她希望在学术上有所发展与成就，而不是仅仅流连于派对或舞会。”

婚后的埃莉诺把大多数时间和精力都花费在了丈夫与孩子身上，但是她从未放弃过对心理学的研究。后来，埃莉诺开始在史密斯学院任教。

1949年，埃莉诺的丈夫詹姆斯前往康奈尔大学任教，她跟随丈夫一起去康奈尔大学。由于埃莉诺没有资格成为教授，只能作为丈夫的实验助理，而且还没有薪水，这也就意味着埃莉诺的研究经费没有任何保障。这种状况一直持续到1965年，埃莉诺终于得到了认可，成为康奈尔大学的一名教授，同时他们也是康奈尔大学里第一对教授夫妇。

之后，埃莉诺和丈夫都成为声名远扬的心理学家。关于这一点，詹姆斯是这样描述他们之间的关系的：“虽然我们会在学术上进行合作，但并不经常，而且也不是人们所说的‘夫妻档’。在学术上，我们的争论永远没有尽头，我们也因此会受到不同思想的影响。”

温馨提示

不管深度知觉是天生的还是后天学习获得的，抑或是先天和后天交互影响形成的，深度知觉都是动物和人类生存的重要技能。

逗你玩的潜意识广告
——阈下刺激实验

经验说：广告无处不在，充斥着我们的视野。

实验说：心理学家一直在探索一种看不见摸不着的广告——潜意识广告。

1957年，维利卡当众宣称，在6周之前他曾经做过一个心理学实验，在这次实验中有几百名观众无形中成了他的被试。那是一个周末的晚上，有许多美国人来电影院观看《野餐》这部电影。维利卡在电影播放期间，以三千分之一秒的速度将“请喝可口可乐”和“饿了，请吃爆米花”这两条广告语打在荧幕上，每5秒一次重复播映。在电影播放完毕后，维利卡发现有不少观众会去购买可口可乐和爆米花。经过统计，维利卡发现在实验的6个星期内，可口可乐的销售量提高了18.1%，而爆米花的销售量提高了57.7%。

但是，这次实验却是虚假的，而维利卡本人也在1984年时当众承认。当时维利卡这么做的原因是为了给他入不敷出的公司拉客户。尽管如此，但当维利卡当众发表自己的实验以及结果的时候，还是立刻引起了巨大的轰动。当时不只许多公众表示震惊，甚至连社会评论家都发出警告，在电视和收音机上做潜意识广告一下子变得十分热门。

从此以后，“潜意识广告”就变成了人们广泛讨论的话题，美国联邦通信委员会甚至还专门规定，在广告媒介中利用潜意识信息者，将被吊销其广播执照。

潜意识广告之所以会产生作用，是因为阈下刺激。在了解阈下刺激之前，必须了解刺激阈限这个概念。在日常生活中，我们会遇到到各种各样的刺激。有些刺激是我们能够感受到的，有些则不能。当某一刺激强度值使得我们刚刚能感受到这一刺激，那么该刺激量就被称为刺激阈限。而低于阈限的刺激就是所谓的阈下刺激。

例如，我们日常生活中所使用的钟表。通常情况下，我们可以清晰地感受到秒针在不断地转动，就连分针的转动我们也是可以微微察觉到的。但是关于时针的转动，我们通常很难察觉到，因为时针的运转速度实在是太慢了，我们的肉眼根本无法观察到，而这时针的运转就是阈下刺激。只要是刺激量小，我们无法感觉到的刺激，都被称为阈下刺激。

而维利卡的实验结果则说明了潜意识广告的作用，也说明了阈下刺激对我们作决策的影响。但是由于后来维利卡承认自己的实验是虚构的，所以有关潜意识广告以及阈下刺激的影响就没有了理论依据。而且越来越多的人开始相信，购买其实是一个很复杂的决策过程，不会因为广告商的广告信息刺激的呈现方式发生些许改变而受到影响。

既然如此，那么阈下刺激到底是否会影响人们的行为呢？一些梦境实验则证明了阈下刺激影响力的存在。在实验中，实验者以 0.005 秒 ~ 0.01 秒的速度向被试放映幻灯片，这些幻灯片上都有几处很淡的、难以察觉的图案。在播放完幻灯片之后，实验者会要求被试把之前所看到的图案画下来，然后让被试第二天早上报告自己的梦境。

实验结果显示，虽然被试无法画出那些幻灯片中难以察觉的图案，但是这些图案却会在被试的梦境中得以呈现。

在另一项实验中，实验者证明了阈下刺激对人们作决策的影响。这次参加实验的被试都是大学生。首先，实验者会让大学生就所研究的项目提炼出自己的观点，然后让大学生观看闪现的图片。这些图片都是大学生所熟悉的面孔，其中有笑脸的同学，也有愁眉苦脸的导师的面孔。这些图片所出现的时间十分短暂，都是一闪而过的，大学生根本就来不及从图片中感受到什么。也就是说，观看图片实际上就是一种阈下刺激。

在观看完图片之后，实验者会让大学生们对自己先前所提炼出的观点进行评分。结果显示，那些看到愁眉苦脸的导师面孔的大学生所评的分数低于那些看到笑脸图片的大学生。这说明，阈下刺激的确会给人带来一定的影响。

加拿大广播公司（CBC）为了证明阈下刺激是否真的存在，专门实施了一项史无前例的全国测试。在一个周日晚上的公共电视节目中，观众被告知，CBC 将实施一项有关阈下说服的测试。在这个节目中，CBC 以阈下的方式在荧幕上闪现了三百多次“现在就打电话”的信息。但是，CBC 却发现电话量并没有增加。这说明，所谓的潜意识广告根本不会起作用。

此外，还有人专门研究了阈下信息在影响顾客选择或选民态度方面的作用，这是一项十分严格的测试和研究。结果显示，阈下信息根本不会影响顾客或选民的决策。

温馨提示

广告属于大众媒介，目的是说服视听观众去购买广告中所宣传的产品或是服务。虽然有不少人相信潜意识广告的作用，但是商家在投放广告的时候也应该注意，阈下广告实际上并不存在。因为在针对顾客的广告中，公然使用广告影响顾客已经很难了，更别说影响顾客潜意识的阈下广告了。

广告想要产生作用，就必须从消费者的心理特点、需求趋向、购买习惯以及生活方式等方面着手研究，只有这样才能提高广告的说服力。

必不可少的依恋
——恒河猴实验

经验说：要让自己的孩子吃得好，睡得香，他才能健康地成长。

实验说：身体的亲密接触比奶水更重要。

在多种人际关系中，有一种关系被称为“依恋”。依恋主要用来描述一个人与他最亲近的人之间那种强烈而深厚的情感关系。通常情况下，依恋存在于婴儿与母亲（或者是照看者）之间，主要指婴儿与母亲之间那种相互影响和彼此渴望接近的需求。对于婴儿来说，对母亲的依赖是必不可少的。

美国心理学家马歇尔·克劳斯和约翰·肯内尔提出了一个著名的“克劳斯—肯内尔假说”，即母亲和婴儿之间早期的皮肤接触有助于依恋关系的形成。

为了验证这一假说，克劳斯与肯内尔做了一项实验研究，参加实验的被试是 28 名婴儿以及刚刚生下足月健康婴儿的年轻母亲。其中 14 名母亲和婴儿，在产后护士会把婴儿抱过来给母亲看一下，几个小时后就开始让母亲给婴儿喂奶。以后每隔四个小时母亲都需要给婴儿喂奶，时间为半个小时。事实上，这种做法是按照惯例行事。而剩下的 14 名母亲就需要按照实验者的要求行事。她们在产后三个小时就会被安排与婴儿进行一次长达一个小时的皮肤与皮肤之间的亲密接触。而且，她们还被允许在以后的每天都比之前的 14 名母亲多五个小时抱孩子的时间，其中一个小时专门让母亲与婴儿产生皮肤与皮肤之间的接触。

在一个月后，这些产妇需要接受一些常规的体检。这个时候，实验者发现第二小组的母亲与婴儿之间的关系更亲密，母亲对孩子的爱抚也比较多，每次喂奶的时候都会紧紧抱住孩子。

一年之后，实验者发现第二小组的母亲会比第一小组的母亲给予孩子更多的爱抚。而且，第二小组的孩子在生理心理发展测试中的成绩也比第一小组的孩子要好。

克劳斯与肯内尔经过长达六年的实验研究后发现，把握母亲与婴儿之间的早期接触时间十分重要，选择在婴儿出生后的6 ~ 12小时内最为恰当。也就是说，应该在这个时间段内安排一次婴儿与母亲皮肤与皮肤之间的接触。这样可以让母亲对孩子产生十分强烈的感情，促进母亲对婴儿的早期接触。这是因为产妇在分娩时体内会产生一种激素，这种激素有助于产妇去关心自己的孩子。如果在6 ~ 12小时内没有及时让母亲与婴儿进行接触，那么这些激素就会消失。克劳斯和肯内尔通过对动物的实验研究还发现，如果分娩后的几个小时内母亲与婴儿被迫分离，母亲体内的激素会迅速下降。

弗洛伊德是第一个提出婴儿与母亲或照看者之间的亲密关系将为婴儿以后的人际关系打下基础，婴儿与母亲或照看者之间的亲密基础和依恋经验会对婴儿未来生活中爱的能力以及与他人亲近的能力的发展产生重要的影响的人。弗洛伊德还认为，在婴儿出生后第一年的后半年会对那些在物质上和精神上满足他需求的人表现出依恋，弗洛伊德还把这一时期称为“口欲期”。

不过关于婴儿与母亲的依恋关系，行为主义流派提出了与弗洛伊德相反的观点。行为主义者认为，人的所有行为都与本能有关，如饥饿、避免痛苦等。而对于婴儿来说，通常满足他们需求的是母亲或照看者，所以便对母亲或照看者产生了依恋，而且这种依恋关系还会随着母亲或照看者对婴儿照料时间的延长而不断被强化。也就是说，对婴儿来说，母亲或照看者总是与愉快的体验联系在一起，所以婴儿便会依恋或爱上母亲或照看者。

不论是弗洛伊德还是行为主义流派，他们在看待母亲与婴儿之间的关系时都有一个共同点，即认为依恋或爱是本能或生存所需的附属品。对于发展心理学家亨利·哈罗来说，以上两种理论是否正确，应该由实验来证明。但是哈罗又不能拿人来做实验，就只好选择灵长类动物来作为被试。最终，哈罗选择了恒河猴。因为从生理学的角度来看，恒河猴与人体比较接近。此外，恒河猴在婴儿期对情感和接触（如喂养、接触与依恋等）的基本反应与人类十分相似。

最初的实验完全按照哈罗的要求进行，一些幼猴在出生后不久就被迫离开母亲。在自然界，如果幼猴一旦离开母亲，就难逃死亡的命运。但是在实验室内，这些幼猴虽然没有了母亲的照料，但是生活条件依然十分优越。幼猴们会受到非常精心的照料，工作人员每天都会用奶瓶小心地喂养幼猴，甚至还专门为幼猴们调配了营养餐，以保证幼猴不受疾病的困扰。哈罗认为，在这样良好条件下成长的幼猴应该比在母亲身边长大的幼猴更健康。

但是，在哈罗还没有验收实验成果的时候，就在一次偶然的情况下发现了一个让他吃惊的现象。哈罗注意到这些幼猴对笼子底部的棉花垫子十分依恋。当哈罗想要把这些垫子拿走清洗的时候，幼猴们会变得非常生气和焦虑。哈罗还发现，只有一天大的幼猴就已经开始依恋棉花垫子，而且随着年龄的增长，如在幼猴出生后的几个月内，幼猴对垫子的迷恋程度会变得越发强烈。

当哈罗试着将奶瓶从幼猴嘴边拿走的时候，幼猴并不会出现抓狂的状态，通常只会舔舔嘴唇，或者用爪子擦去嘴巴上或下巴上残留的奶水。可是当哈罗试着将棉花垫子拿走的时候，幼猴却出现了强烈的反应，幼猴会用自己瘦小的身体紧紧压住棉花垫子，并且用爪子紧紧抓住垫子不放，同时还会不停地尖叫。对于这种现象，哈罗解释道："不论是对于人类婴儿还是对于幼猴来说，为了生存，他们必须抓住比稻草更多的东西。"

哈罗开始试着让一些幼猴生活在一个没有棉花垫子的笼子中，结果发现即使给幼猴提供非常好的营养和医疗条件，幼猴总会莫名其妙地生病甚至腹泻，根本无法健康成长。但是那些生活在一个有棉花垫子的笼子中的幼猴，通常看起来更加健康，也比较快乐。

对于这一结果，哈罗认为幼猴除了最基本的饥饿与干渴等生理需求以外，它们还有一种接触柔软物品的需求。这一有趣的现象立刻引起了哈罗的兴趣，哈罗决定制作一些不同的假母猴来做一项实验，这就是著名的假母猴实验。

在进行实验之前，哈罗制作了两种假母猴，也被称为代理母猴。其中一只母猴是用光滑的木头做身体，然后用海绵和毛织物等柔软的东西把这块木头给裹起来，母猴的胸前被安装上一个奶瓶，身体内还安装了一个能够提供温暖的灯泡。

另一只母猴是用铁丝网制成的，外面没有柔软的东西，但是也被安装上了奶瓶和提供温暖的灯泡。总之，这只铁丝母猴与之前的木制母猴相比较，不能为幼猴提供"接触安慰"。

在实验中，哈罗把八只刚出生的幼猴随机平均分成两组，分别放进不同的笼子中喂养，其中一组被放进木制母猴的笼子中，另一组则被放进铁丝母猴的笼子中。实验一共进行了五个月的时间，在此期间，哈罗除了观察幼猴的反应外，还需要记录下幼猴和两只不同母猴之间直接接触的时间总量。

实验发现，虽然所有幼猴都会与两只代理母猴进行接触，但是幼猴比较偏爱木制母猴。当哈罗把所有幼猴放进一个笼子中时发现，幼猴对木制母猴的偏爱程度简直到了比较极端的状态，即使对于那四只被铁丝母猴喂养的幼猴也一样。这说明，母猴满足幼猴的饥饿、干渴等生理需求的能力并不是幼猴依恋母猴的主要因素，接触性安慰在幼猴对母猴产生依恋关系的过程中发挥着重要的作用。也就是说，有奶并不就是娘。这种发现可以说非常有创新性，与当时的流行观点正好相反。

此外，哈罗还发现分别由木制母猴和铁丝母猴喂养的两组幼猴的行为特征也出现了不同，这进一步说明了接触性安慰的重要性。虽然两组幼猴的食量相同，体重增长的速度也基本相同。但是，由铁丝母猴喂养长大的幼猴出现了对牛奶消化不良的现象，会经常腹泻。这一现象说明，缺少与母亲之间的接触性安慰会导致幼猴出现心理上的紧张，从而影响生理方面的消化吸收功能。

后来，哈罗改变了其中一个因素，即把两只母猴都提供奶改成了两只母猴轮流提供奶。也就是说，幼猴想要喝奶，就必须到有奶的母猴身边，可能是木制母猴也可能是铁丝母猴。但是结果发现，无论是哪只母猴提供奶，所有幼猴几乎整天都会和木制母猴待在一起。有时候，幼猴不得不到铁丝母猴那里喝奶，但是当它们一旦吃饱后，就会迅速回到木制母猴那里。

在完成最初的实验研究后，哈罗想进一步探索有关依恋和接触性安慰之间的关系以及作用。在现实生活中，我们会看到这样的场景，当婴儿或儿童感到恐惧时，他们通常会到母亲或是照看者那里寻求庇护或安慰。那么，当实验中的幼猴遇到了这种状况，会出现什么样的反应呢？为此，哈罗设计了一个“恐怖场景”实验。

在这项实验中，哈罗往幼猴的笼子里放进了各种各样能够引起它们恐惧的物品，如上紧发条的玩具打鼓熊（这种玩具熊的体型与幼猴一样大，所以对幼猴来说十分可怕）。然后，哈罗开始观察幼猴的反应并且作了详细的记录。

哈罗发现，不论是木制母猴还是铁丝母猴喂养大的幼猴，在遇到令自己恐惧的物体时通常都会做出相同的反应，即快速跑到木制母猴那里并且紧紧抱住它，似乎是在寻求安慰与保护。而且随着幼猴年龄的增长，这种反应会变得越来越强烈。

然后哈罗又设计了一个新的实验，即“玩耍场景”实验。主要目的是观察在母猴在场或不在场的情况下，幼猴面对陌生环境所表现出的适应性和探索性反应。

在实验中，哈罗会把幼猴放进一个它们不熟悉的小房间内，里边有各种各样的玩具，如积木、毯子、折纸、带盖子的容器等。这些都是幼猴平时十分喜爱的玩具。哈罗设计了三种情况：仅木制母猴出现，仅铁丝母猴出现，两者都不出现。

实验发现，当哈罗把幼猴放进这个陌生的环境后，因为不熟悉，所以幼猴通常会做出恐惧的反应，即立即冲向木制母猴，抓住它，并用身体与木制母猴发生接触，甚至还会摆弄木制母猴的脸和身体。过了一会儿后，幼猴对这个新的环境似乎不那么陌生了，就开始进行探索并摆弄各种玩具。但是，幼猴在自己玩耍了一会儿后就会回到木制母猴怀中寻求安慰，循环往复。这说明，幼猴把木制母猴看作这个陌生环境中的安全之源。

当哈罗把木制母猴拿走时，一旦被幼猴发现，幼猴的安全感会立刻消失，它们会不停地寻找木制母猴的影子。会跑向房间里木制母猴曾经出现过的地方寻觅，然后从一个物体跑向另一个物体。幼猴边寻找边哭泣、尖叫。有不少幼猴的恐惧情绪和行为会表现得十分明显，除了哭泣与尖叫之外，它们还会缩成一团或是不停地吮吸手指。此外，在只有铁丝母猴出现的情景中，幼猴也会出现类似的恐惧情绪和行为。

出现在幼猴身上的这种现象同样会出现在人类幼儿身上，如当父亲或母亲在场的时候，孩子一般会感到安全与放心，他们在这种场合中更充满好奇心与探索性行为，更乐于去熟悉新的环境。但是前提条件是，孩子必须看到父亲或母亲在场。

最后，哈罗还设计了一个“重逢场景”实验，目的是了解幼猴与代理母猴之间所形成的依恋关系在它们分离一段时间后还能否继续保持。这个实验需要等幼猴长到六个月大的时候才能进行，因为这个时候的幼猴已经不用喝奶，开始吃固体食物。

在实验中，哈罗让幼猴与代理母猴分离大约30个小时后，让它们在一个拥有许多玩具的房间内重逢。那个时候的幼猴正在兴致盎然地玩玩具，但是一旦幼猴发现了木制母猴的存在，它们就会立刻冲向木制母猴的怀中，爬到木制母猴身上，并且用爪子紧紧地抓住木制母猴，似乎在防止木制母猴消失一般。同时还会用自己的头部和脸在木制母猴身上不停地摩擦接触。过了一会儿后，幼猴开始和木制母猴玩耍，不停地撕咬包裹在木制母猴身上的绒布。不同的是，重逢场景中的幼猴与玩耍场景中的幼猴相比不会再像以前一样，离开木制母猴去玩房间内的玩具。

整个实验都说明，在幼猴对代理母猴所产生的依恋关系中，接触舒适感是一个至关重要的因素，这种外在的客观感觉是依恋关系形成的基础。事实上，对于幼猴来说，想要与母猴之间形成依恋的关系，接触性安慰比母猴提供乳汁更重要。

哈罗的实验研究对当代的育儿理论产生了重大影响。哈罗用他的实验告诉我们：“作为一个感情变量，早期哺乳行为可以使婴儿与母亲之间经常发生亲密的身体接触。由此可见，人是不能仅仅依靠乳汁而生存的。”

许多孤儿院、社会服务机构以及爱婴产业都或多或少地受到哈罗实验结果的影响，开始调整自己的关键政策。例如，医生在母亲分娩后会直接将新生婴儿放在母亲的肚子上，让新生婴儿与母亲发生亲密的皮肤接触；孤儿院的工作者也知道了仅仅给孩子提供奶瓶是不够的，他们还需要经常给予孩子拥抱，让他们感受到温暖。

在实验中，哈罗还设计了一个能拒绝幼猴的代理母猴，让母猴向空中喷射强气流，或是用针头突袭幼猴，迫使幼猴远离代理母猴。结果发现，幼猴会与代理母猴之间保持一定的距离，但是等这种拒绝反应结束后会返回来，然后像以前一样紧紧地抓住代理母猴。这一实验现象说明，有些受到父母虐待的孩子依然会依恋父母，这是因为依恋是一种强烈的基本需求，其作用远远超过虐待和惩罚。

后来，哈罗还专门把同木制母猴一起生活的幼猴与野生幼猴进行了对比，用简单而又适当的任务检测所有幼猴的学习能力。结果发现同木制母猴一起生活的幼猴和野生幼猴一样都完成了任务。

为了检测同木制母猴一起生活的幼猴的交往能力，哈罗把这些幼猴放到群居生活的情景中。结果发现这些幼猴出现了许多怪异的行为，它们一时间无法融入群体生活中，通常会出现一些具有挑衅色彩的行为。有的幼猴则会反复地做一些毫无意义的古怪动作，如：目不转睛地长时间盯着某个地方；慢慢地举起手臂，手掌紧握成拳，然后放开，又紧握，又放开；等等。但是，当这些幼猴在群居生活的情境中生活一段时间后，有些幼猴的怪异举动就会消失。然而，也有一些幼猴依然害怕与其他幼猴发生接触。

哈罗的同事还做过一个类似的实验。在实验中，实验者把幼猴单独放进一个小房间内，房间里有木制母猴，但是幼猴既不可以与同类接触，也不可以与工作人员接触。这只幼猴需要在这个房间内待上一年的时间。

结果实验者发现，当幼猴一出生后就被单独监禁起来，即使有木制母猴的陪伴，但是由于完全与社会隔离，所以通常会出现嫉妒、抑郁的情绪和行为，如蜷缩成一团，作自抱状。

这项实验在许多幼猴身上进行，虽然这种单独监禁会出现个体的差异性，但是也存在一些共性。大多数幼猴都出现了严重的抑郁情绪和行为。

等一年之后，被单独监禁起来的幼猴会被实验者重新放回到群居环境中。结果，幼猴出现了交往障碍的现象，幼猴不仅拒绝与其他猴子进行接触。而且就算是正常猴子戏耍这些幼猴时，幼猴也只会防御而不会做出任何反应。

这是在幼猴被单独隔离了一年后的反应。有关实验研究还显示，当幼猴被完全隔离在一个房间内，单独生活90天以后，重新回到群居生活中时会出现交往紊乱的现象。但是在群居生活1个月后，这些幼猴就可以恢复正常的交往能力，可以与正常的猴子嬉戏玩耍。

如果幼猴被单独隔离长达6个月时，就会出现明显的行为紊乱现象，当正常猴子试图接触它们时，它们都会拒绝。通常情况下，这些幼猴都会长时间蜷缩在角落里，自抱呈球状，有时候还伴随着四肢颤抖的现象。而被完全隔离了8个月的幼猴，就无法维持与正常猴子之间的社会交往了。

当实验者把所有被单独隔离的幼猴安排在一起时，这些幼猴只会各自安静地待着，既不会主动与对方进行接触，也不会出现恐惧性的行为。等它们渐渐熟悉了这个环境之后，就会出现一些小规模的探索性行为，四处走走看看。

亨利·哈罗，英国比较心理学家，早期主要研究灵长类动物的问题解决和辨别反应学习，后期用学习定势的训练方式比较灵长类和其他动物的智力水平。

温馨提示

母亲在婴儿的成长过程中扮演着十分重要的角色。因此母亲应该尽可能地满足婴儿的成长需要，在给予婴儿日常照料和抚育的同时，还应该给予婴儿许多关爱以及身体接触，这样才能形成有效的情感刺激，为婴儿的社会性行为和社会交往发展打下坚实的基础。

两难境地的选择
——道德发展实验

经验说：孩子的是非观念是大人教的。

实验说：孩子的道德观念有着自身的发展规律。

西方近现代的道德教育流派主要被划分为三派，第一派是浪漫主义，以法国思想家卢梭为代表。其哲学基础为道德是一种源于人内心的判断善恶是非的本性，人性本善，这是道德教育的基础，应该让儿童自己发现和发展自己的天性。成人和社会文化只会起到阻碍的作用。

第二派是文化传递主义，以英国思想家洛克为代表。其观点与浪漫主义正好相反。文化传递主义认为，道德的形成是社会环境和文化共同作用的结果，因为人的行为和思想都会受到外界环境的影响，甚至是控制。所以，道德教育就需要运用各种方法把知识和价值传递给学生。

第三派是进步主义，以美国教育家杜威为代表。在这个派别看来，前两个派别的观点都存在着明显的缺陷。首先，浪漫主义把道德看成只是个人的事情，文化传递主义则把道德教育看成了一种社会需要。其次，浪漫主义把儿童的身心有规律的发展直接与儿童善良道德的形成等同起来，主张让儿童在一个自由自在的环境中自主发展其内在的善良，这实际上是一种取消道德教育的方式。文化传递主义的观点建立在心理学的行为主义理论基础上，认为人的某种行为在受到外界刺激的时候就会得到强化，所以想要让儿童形成善良的品德，就必须给予正面的强化。总而言之，浪漫主义走向了只关注主观世界的极端；而文化传递主义则走向了只关注外在世界的极端。

因此，进步主义决定克服这两个派别的缺点，建立一种新的理论。即在进行道德教育的时候应该把内部与外部因素相互结合起来，认为道德是发展的，是人的主观内在世界在外部的社会文化环境的作用下主动产生改变的过程。

在当代心理学界，对道德发展这个概念也有不同的派别。其中最具影响力的是以下两大学派：一个是弗洛伊德的精神分析学派；另一个则是让·皮亚杰的认知心理学派。而道德发展实验的设计者劳伦斯·柯尔伯格则是皮亚杰在道德发展领域研究的继承者。

皮亚杰是第一个系统地探索和研究儿童道德认知发展的心理学家。皮亚杰在研究儿童道德认知发展的时候采用了独特的谈话法，在实验的过程中向儿童提出一些提前设计好的问题，然后根据儿童所回答的内容进行统计与分析，从而找出一定的规律。

皮亚杰为了研究儿童对游戏规则的意识、理解和使用状态，就专门设计了一个玩弹子的游戏。参加这次实验的儿童有 20 名，年龄在 4 ~ 13 岁。

通过对实验结果的分析，皮亚杰发现儿童在比赛打弹子之前会先对游戏规则进行一定的了解，而这种了解主要有三个阶段。第一阶段，儿童无法认识游戏规则需要遵守的义务，通常会把自己认定的规则与成人教给的社会规则混合在一起。第二个阶段，儿童认为游戏规则是外部强加的，并且不能加以改变。这个时候，儿童对规则的认识是建立在强制性的基础上的。例如，年幼的儿童在与年龄较大的儿童一起玩游戏时，并不知道自己为什么要遵守游戏规则，认为那是大孩子强迫他们遵守的。第三阶段，儿童认为游戏规则需要通过彼此之间的商定，并非一成不变。这个时候，儿童已经不再把游戏规则看成神圣不可侵犯的，双方遵守游戏规则的基础就是合理与公平。

在皮亚杰的研究之后，很少有心理学家关注道德发展的问题，直到柯尔伯格的道德发展实验出炉。柯尔伯格的实验研究不仅对皮亚杰的观点进行了继承与拓展，同时还激发了人们对道德发展研究的兴趣，开始思考和柯尔伯格一样的问题："没有是非观念的儿童到底是如何形成道德观念的？"

柯尔伯格所使用的研究方式与皮亚杰一样，提前设计好虚拟的道德两难故事，并且向不同年龄阶段的儿童提供，然后开始调查每个被试儿童对这个道德两难故事的看法与观点。

柯尔伯格一共设计了数十个道德两难的故事，其中就数海因茨偷药的故事最为经典。海因茨的妻子因为患上了一种特殊的疾病，濒临死亡的边缘。海因茨为妻子找来了许多医生，但是医生们均表示或许只有一种药能挽救他妻子的生命。这种药物是海因茨所生活的小镇的一位药剂师最新研制的一种含镭的药物。由于这种药物刚刚研制出来，而且药物成本昂贵，所以这名药剂师向购买者索要超过成本价十倍的费用。也就是说，药剂师花费了 200 美元生产了这种药物，但是却以 2000 美元的价格出售。

海因茨本来就不富裕，之前给妻子请医生看病就已经花掉了大部分积蓄，但是为了能凑足钱购买这种昂贵的药物，海因茨到处借钱。可是最后海因茨只借到了 1000 美元，只有药价的一半。海因茨拿着这 1000 美元去找药剂师，希望药剂师可以大发慈悲。但是药剂师却残忍地拒绝了他："不行，我研制这种药物就是为了赚钱，如果人人都像你一样，我还怎么赚钱。"

被拒绝的海因茨绝望了，再三思考之后，海因茨决定在一个夜晚闯进药店，为他病重的妻子偷药。试问，海因茨这么做是否正确？为什么？

参加柯尔伯格实验的儿童是居住在芝加哥郊区的72名男孩，柯尔伯格按照儿童的年龄进行了分组，分别为10岁组、13岁组、16岁组。每个年龄组的儿童中都有一半的被试来自中下等经济条件的家庭，而另一半被试则来自中上等经济条件的家庭。

每个儿童都有自己的理由。例如，13岁的安迪认为海因茨的做法是正确的，海因茨之所以会去偷药，完全是因为他爱自己的妻子，想要让她活命。安妮认为任何人遇到与海因茨类似的情况，都会做出与他相同的决定。海因茨虽然犯下了偷盗的罪行，但是法官不会把海因茨关进监狱，法官会全面地看待这场官司，并且明白药剂师漫天要价的行为是错误的，药剂师的这种做法有失公道，为了赚钱完全不顾别人的死活。

16岁的乔治则认为，虽然任何人遇到与海因茨类似的问题时，都会为挽救妻子的生命而去偷药，但是这并不表明海因茨的偷盗行为就是正确的，他应该受到法律的惩罚。海因茨没有错，他宁愿进监狱，也不愿意眼睁睁地看着妻子死亡而无所作为。药剂师那种漫天要价的行为虽然让人很厌恶，但是不得不承认他有权利这么做。

除了海因茨偷药的故事外，还有一个故事也很经典。乔的爸爸向乔承诺，如果乔能挣够50美元，那么就可以拿着这笔钱去露营。但是当乔真的赚够了50美元的时候，乔的爸爸却改变了主意，命令乔把50美元全部交给他。乔很想用这笔钱去露营，所以就选择了撒谎，声称自己只赚到了10美元。最终乔只给了爸爸10美元，剩下的钱用来露营了。乔在露营之前，把这个秘密告诉了自己的弟弟阿里克斯。试问，阿里克斯应该把事情的真相告诉爸爸吗？为什么？

对于这个问题，10岁的丹尼认为这是一个非常难以抉择的问题。首先，丹尼认为阿里克斯应该告诉爸爸真相，否则当爸爸知道真相后，会因为阿里克斯的包庇行为而生气，甚至会打阿里克斯。其次，丹尼认为阿里克斯不应该把真相告诉爸爸，因为这样哥哥一定会揍自己的。13岁的安迪认为，如果阿里克斯不告诉爸爸真相，当爸爸得知以后会对阿里克斯失望，从此不再信任阿里克斯。但是，如果阿里克斯把真相告诉爸爸的话，那么将会失去哥哥对自己的信任。如果阿里克斯决定保持沉默，安迪觉得也是可以理解的。

柯尔伯格根据这次实验的结果划分了六个道德发展阶段，后来他把这六个道德发展阶段又划分为三种道德水平，也就是著名的“三水平六阶段”理论。

水平一被称为“前习俗水平”，包括阶段 1（惩罚和服从的定向）和阶段 2（朴素的利己主义定向）。

阶段 1 的是非评断标准以行为后果为主，认为对的事情就是需要绝对服从，避免受到惩罚，只为服从而服从。例如，在海因茨偷药的故事中，认为应该偷的理由就是海因茨事先求过药剂师，但是药剂师并没有答应。再说海因茨只是偷药而已，不是什么大东西，即使受到了惩罚也不会很严重；认为不该偷的理由是因为偷东西会被警察抓起来，会受到严厉的惩罚。

阶段 1 的道德观主要是以自我为中心，处于这一阶段的个人在思考道德是非的时候不会考虑其他人的利益，通常会根据事情的后果而不是依据他人的心理动机作出判断，会把自己的观点与权威观点混淆在一起。

阶段 2 的是非评断标准以个人需求的满足与否来决定。认为能满足自己利益和需求的就是对的，这是一种朴素的利己主义。不仅自己这样做，也允许其他人这样做，并且认为这是最公平的，是一种平等的交换和交易。此阶段的个体会认为做得对的理由是能在满足自己需求和利益的情况下，还必须认可别人也有自己的需求。例如，在海因茨偷药的故事中，认为应该偷的理由是，如果妻子对海因茨非常好，那么海因茨就应该关心妻子，并且为挽救妻子的生命去偷药；认为不该偷的理由是，如果妻子对海因茨不好，那么海因茨就没有必要为妻子去冒这个风险。

阶段 2 的道德观虽然也是以自我为中心，但是已经演变成一种具体的个人主义观点，因为个体不再混淆权威与自己的观点。同时个体还意识到每个人都有自己所追求的各种利益，而且还存在一定的冲突。因此，所谓的对与错只是相对意义上的。

水平二被称为“习俗水平”，包括阶段3（以人际和谐为准，也称为“好孩子”定向）和阶段4（维护法律和秩序定向）。

阶段3的是非评断标准以取悦别人来决定。认为对的，其实就是扮演一个好角色，需要关心别人并且珍惜别人的感情，与周围的人保持忠诚与信任的关系。而做得对的理由则是按照自己和别人的标准行善，应该设身处地为他人着想。例如，对于海因茨偷药的故事，认为应该偷的理由是，不管过去妻子对海因茨好不好，海因茨都应该对妻子负责，尽力挽救妻子的生命，这是一个丈夫应尽的责任；认为不该偷的理由是，偷盗的行为会给自己和家庭带来麻烦和耻辱，会声誉扫地。

阶段3的个体所采纳的是一种与他人建立良好关系的观点，因为这个时候个体已经开始意识到一个人所享受的情感和期望高于个人所得的利益。

阶段4的是非评断标准以维护现有的法律和社会秩序为主，认为做到尽职尽责是最好的。认为所谓对的，就是要履行个人所承诺的义务，必须做到严格守法，对整个社会作出贡献。而理由则是，每个个体都应该为整个社会秩序的运行负责，如果每个人都违背社会秩序，那么将会造成不堪设想的后果。例如，在海因茨偷药的故事中，认为应该偷的理由是，偷东西的做法是不对的，但是如果海因茨不这样做的话，就无法尽到做丈夫的义务；认为不该偷的理由是，海因茨采取非常手段挽救妻子的生命是合情合理的，但是偷东西的行为触犯了法律。

阶段4的个体已经开始把社会观点与人际协调加以区别，此阶段内的个体比较倾向于采用一种制度的观点，并且会根据这种制度来确定自己所扮演的角色以及要遵守的规则。

水平三被称为“后习俗水平”，包括阶段5（遵守法规和契约定向）和阶段6（个人良心和原则定向，即以普通伦理原则为准则）。

阶段5的是非评断标准以社会价值和个人权利为主，认为对的就是维护基本权利、价值和合法的社会契约，当社会契约与群体所遵守的具体规则和法律相互冲突时，也应该遵守社会契约。此阶段的个体可以认识到这样一种事实，即每个人都拥有自己的价值观和观点。通常情况下大多数人的价值观和观点被认作是社会契约，但是必须建立在公平的基础上才能让所有社会成员普遍遵守。然而对于一些类似生命和自由这样的价值和权利，不论在哪种社会中都应该被遵守，与大多数人的价值观和观点无关。

此阶段内的个体认为每个人都有义务遵守法律，因为法律这种社会契约缔结的目的是发展全人类的福利，保障自己权利的同时也使他人的权利得到保障。当然还可以在大的社会契约中形成小的契约，需要通过自由协商的方式建立，但是必须在保障不损害他人权利的前提下进行。每个人对法律和责任的考虑都必须建立在为绝大多数人的最大利益的基础上。例如，在海因茨偷药的故事中，认为应该偷的理由是法律虽然禁止出现偷盗的行为，但是却没有考虑到为挽救一个人的生命而偷盗的情况。而海因茨偷药的行为是迫不得已的，要说有什么不对的话，那也是法律应该得到完善，应该规定稀有药品必须按照公平的原则加以调控，不能任由药剂师哄抬药价。认为不应该偷的理由是，丈夫没有偷药救妻子的义务，海因茨的这种行为属于不正常的夫妻关系契约。在夫妻关系契约中，海因茨已经尽到了做丈夫的责任，为挽救妻子的生命想尽办法。海因茨的偷药行为已经超出了夫妻责任。

阶段5中的个体已经采纳了一种超前的社会观念，这是一种理性的个体，他们意识到，价值和权利应该高于社会法律和契约。该阶段内的个体在思考问题的时候，会通过正规的协商、契约、公平的机制和正当的程序来整合各种不同的观点。在考虑到道德观点的同时，还会考虑到法律观点，认识到不同观点之间的冲突以及整合各种观点的困难。

阶段 6 的是非评断标准以一种个人遵循的普遍原则所确立的哲学为主，也可以认为是以普遍的伦理原则为准则。对与错的观念会被一种假设全人类都应该遵守的普遍伦理原则所指导。特定的法律和社会契约之所以有效，是因为它们建立在这种原则的基础上。如果法律违背了这个普遍伦理原则，那么个体会选择按照此原则行事。这些原则建立在普遍正义原则的基础上：人权平等和尊重个人作为人类的尊严。例如，在海因茨偷药的故事中，认为应该偷的理由是，为了拯救一个人的生命而去偷盗是值得的，因为对于任何一个有道德理性的人来说，人的生命都是异常珍贵的。认为不应该偷的理由是，海因茨为挽救妻子的生命而偷药是无可厚非的，但是他没有考虑到其他人的生命价值，或许其他人也急需这种药物。海因茨的偷药行为对于那些需要且用钱来购买该药物的人来说并不公平。

阶段 6 的个体已经形成了一种用于社会治理或作为伦理依据的观点。这种观点会被任何懂得道德本质或懂得尊重人这一基本道德前提的理性主义者所采纳。

劳伦斯·柯尔伯格，美国著名儿童发展心理学家，继承并发展了让·皮亚杰的道德发展理论。着重研究儿童的道德认知发展，并且提出了“三水平六阶段”的道德发展理论，在国际心理学界和教育界均产生了重大影响。

柯尔伯格出生在美国纽约州布隆维尔市的一个富商家庭。柯尔伯格在高中毕业后做了一件十分叛逆的事情，那就是不顾家人的反对自愿成为一名商船机务士，主要从事协助第二次世界大战后欧洲犹太难民通过英国海防偷渡到以色列的工作。

这段特殊的工作经历让柯尔伯格开始思考一个问题：“从什么时候开始，一个人开始不再服从法律或法定权威，并且认为这在道德上是正确的？”这个问题的思考与他日后研究道德发展密不可分。

与此同时，这段经历还给柯尔伯格带来了终生的疾病，即寄生性肠胃感染。柯尔伯格在从事商船机务士工作的时候被抓住过，并且在一个军营中被关押了一段时间。虽然柯尔伯格幸运地逃脱了，却因此永远被寄生性肠胃感染的疾病困扰着。晚年时期，寄生性肠炎不断地发作，柯尔伯格一直在忍受来自肠胃的疼痛。

在柯尔伯格60岁的时候，他的心理处于极度压抑的状态，甚至还和一位朋友讨论起自杀的道德两难问题。柯尔伯格对朋友说："如果一个人对其他人负有很大的责任，那么这个人应该选择坚持。可是，与病魔的抗争实在太痛苦了。"后来，柯尔伯格在生病住院时无故消失，被找到时已经死亡。对于柯尔伯格的死因，大多数人认为是自杀。

柯尔伯格的学术生涯与让·皮亚杰十分相似，耗尽终生的精力都在研究道德认知发展的问题。正是如此，柯尔伯格也被认为是继让·皮亚杰之后对道德发展研究贡献最大的人。

温馨提示

一个人的道德准则不是生来就有的，柯尔伯格用实验告诉我们道德的形成遵循一定的发展阶段，即"三水平六阶段"理论。父母和老师在对儿童进行道德教育的时候，应该激发儿童自身道德判断的产生以及告诫儿童哪种行为是错误的，不应该出现，以达到对儿童行为的控制，如不让儿童偷东西。

榜样的力量果然强大
——芭比娃娃实验

经验说：在孩子面前大动干戈，会把孩子吓到。

实验说：孩子会学习成年人的暴力行为。

攻击性行为在人类身上十分普遍，就连儿童也是如此。但是，由于儿童的模仿能力比较强，所以我们可以认为儿童的大部分攻击行为都是从成年人身上习得的。关于这一点，阿尔伯特·班杜拉做过一项著名的实验，实验在斯坦福大学内进行。

为了寻找儿童被试，班杜拉与斯坦福大学附属幼儿园的管理者和老师取得了联系。从幼儿园中挑选出72名儿童作为被试，男孩与女孩各占一半，年龄在3岁至6岁之间。在实验进行之前，72名儿童都需要接受一个测试，以评估每个儿童的攻击等级，避免出现某些儿童本来就比较具有攻击性的现象。

在实验过程中，其中24名儿童作为控制组，他们不需要接触任何榜样。剩下的48名儿童则被分成两组，第一组儿童接触具有攻击性的榜样；第二组儿童所接触的榜样不具有攻击性。然后，再按照男女进行分组。每个实验小组都需要有一半儿童接触同性榜样，另一半则接触异性榜样。这样一来，72名儿童就被分成了8个实验小组和1个控制组。

接下来，班杜拉会让实验助手带着所有儿童分别进入一间活动室。在路上，实验助手会假装意外遇到了成人榜样，并且要求成人榜样一起去活动室参加一个游戏。

到了活动室后，儿童会被安排在一个角落里玩耍，那里有许多玩具和贴纸。成人榜样则被带到房间的另一个角落里，那里有一张桌子，桌子上面放着一套儿童拼图玩具、一根木棒和一个5英尺高的芭比娃娃。

在攻击环境和无攻击环境中，成人榜样一开始都会玩儿童拼图玩具。但是过了一会儿后，攻击环境中的成人榜样就会出现暴力行为。他会把芭比娃娃用力地扔到地上，并且坐在芭比娃娃的身上，不断地击打它的鼻子。随后，成人榜样会把芭比娃娃竖立起来，拿起木棍击打它的头部。最后，用力地把芭比娃娃抛向空中。等芭比娃娃落到地上后，成人榜样会用脚把芭比娃娃踢来踢去。这种攻击性行为一共需要持续10分钟的时间，其间还需要伴随着攻击性的语言，如“打它的鼻子”等。

十几分钟后，实验助手再次出现在活动室内，和成年榜样告别后，带着儿童离开，把儿童带到另一间大活动室内。

在无攻击的情景中，成人榜样只需要安静玩十分钟拼图玩具即可，完全不用理会芭比娃娃。然后，此情景中的儿童同样也被带到大活动室内。

这个时候，所有儿童都被带到同一间大的活动室内，这里有许多吸引人的玩具，如救火车模型、喷气式飞机模型、汽车模型以及一套玩具娃娃等。实验助手首先让儿童玩耍任何想要的玩具，但是过一会儿会告诉儿童：“这些玩具都是为其他小朋友准备的，你可以到另一个房间里玩其他玩具。”

然后，实验助手把儿童带到另一间活动室内，这里有许多其他不同的玩具，通常分为两类，即有攻击性的玩具与无攻击性的玩具。有攻击性的玩具中有芭比娃娃、一根木棍、两支掷镖枪和一个画着人脸的系绳球。无攻击性的玩具中有一套茶具、各种蜡笔和纸、一个球、两个玩具娃娃、小汽车以及塑料动物等。

儿童会在这个活动室待 20 分钟，而班杜拉等人则通过单向玻璃来观察儿童的行为。这是一项测试，是儿童被试在接受以上实验后所做的测试，测试的目的是观察儿童在愤怒与受挫时，会出现什么样的攻击性行为。

结果，实验者发现，那些见到攻击性成人榜样的儿童，大多数都出现了攻击性举动。他们会模仿之前看到的成人榜样的行为，如坐在芭比娃娃身上，用木棍击打芭比娃娃，把芭比娃娃扔到地上等。同时还出现了语言攻击，如“打它”等。

班杜拉经过统计后发现，男孩女孩在模仿攻击行为的表现上有别：男孩被试平均每人有 17 次、女孩被试平均每人有 15.7 次模仿了语言攻击；而男孩被试平均有 38.2 次、女孩被试平均有 12.7 次模仿了身体攻击行为。

阿尔伯特·班杜拉，1925 年出生于加拿大，后在美国学习心理学，是美国当代著名心理学家，同时也是新行为主义的代表人物之一，社会学习理论的创始人。

温馨提示

儿童的模仿能力极强，所以父母应该避免让儿童接触有负面影响的事物。现在许多影视片中存在大量暴力镜头，应该设法避免儿童接触。如果儿童接触了具有暴力性影响力的事物，那么父母应该让儿童意识到，暴力行为是会受到惩罚的。因为班杜拉在后期通过实验发现，当儿童看到暴力行为受到惩罚时，将会减少对暴力或攻击性行为的模仿行为。相反，如果暴力行为受到了奖励，那么儿童会增加对暴力行为的模仿行为。

父母是孩子的第一任老师
——朱蒂·哈里斯的教养研究

经验说：家庭教育对孩子的成长来说十分重要。

实验说：家庭教育远没有遗传和朋友对孩子的影响深刻。

在传统的教育观念中，人们都认为父母是孩子的第一任教师，并且十分注重家庭教育。但是，朱蒂·哈里斯却对这个观点提出了质疑。她认为对孩子来说，家庭教育是无关紧要的，关键在于遗传的天赋和孩子的同伴。虽然孩子的某些行为和人格与父母相像，但是并不能说明这是家庭教育的结果，这只是遗传基因和同属一个文化结构下的结果。孩子需要融入一个群体之中，并且有自己的同伴，在与同伴的相处之中，孩子会完成人格的塑造。

这种现象在我们的生活中十分常见。在同一个家庭环境中长大的孩子们，虽然他们接受了同样的家庭教育，但是并不会有相似的人格特征或行为。在一些移民家庭中，父母保留着原来的习惯和语言，但是如果他们的孩子在 12 岁以前就跟着移民，那么他的语言和思考方式则会与父母出现巨大的差异，通常和移民国家的孩子比较相似。

有一位心理学家让自己的孩子和黑猩猩的幼崽一起长大，他对孩子所采用的教育方式和人类一样。但是他却发现，自己的教养方式根本不起作用，孩子的行为与黑猩猩的幼崽越来越像。为了避免黑猩猩幼崽对自己孩子的影响，他只好提前把黑猩猩的幼崽送回动物园。这种现象说明了两点：第一点，与人类同龄的黑猩猩的成长速度远远高于人类，所以黑猩猩的智力发展速度比人类小孩快，早期可以起到引导的作用；第二点，孩子社会化的过程并不是模仿父母，因为成年人所做的事情通常是不允许小孩子做的。在小孩子的头脑中就会形成这样一种观点："我只需要做好小孩子就可以了，不需要成为一个大人。"因此在孩子的心中，会把自己与成年人分成不同的种类。对孩子而言，为了能更好地融入群体之中，他们往往会根据同伴的表现来改正自己的行为，让自己变得更受欢迎。当孩子开始上小学的时候，就进入了社会化的过程，这个时期对孩子的人格形成十分重要。

此外，哈里斯还十分重视基因遗传因素对教养的重要性，并且把基因遗传分成直接遗传和间接遗传两种。直接遗传是指，孩子从父母那里获得的身高、体重、外貌、先天气质等。而间接遗传是建立在直接遗传的基础上，如漂亮的孩子更容易得到父母的喜爱以及同伴们的注意；胆小的孩子更容易被父母保护，但是却容易受到同伴的嘲笑等。直接遗传和间接遗传这两种基因遗传因素会共同影响一个人的人格发展。

朱蒂·哈里斯在1995年时曾经发表过一篇颇具争议的论文。在这篇论文中，哈里斯提出，儿童人格的形成主要受到同伴以及家庭之外的影响，与父母无关。后来，哈里斯又写了两本书来阐述自己的观点，即《教养的迷思》和《基因或教养》。因为哈里斯的教育观点十分新颖，所以这两本书很快就成为畅销书，并且为哈里斯赢得了一大批支持者。当然，也有不少的批评者。

温馨提示

人们对哈里斯的观点虽然存在很大的争议，但不可否认的是，同伴在一个人的成长过程中所起的作用十分重要，因为这决定着孩子在一个小团体中的位置。如果一个孩子没有朋友或是在小团体中不受同伴们的欢迎，那么即使家庭教育再优秀，也不会培养出健全的人格。

但是，哈里斯的观点也未免有失偏颇，忽略了父母对孩子的影响。在一个人的幼年时期，他（她）的世界主要是由父母构成的，父母的一举一动对他（她）来说都十分重要。早期教育对孩子的影响十分巨大，在0~6岁这一阶段，幼儿接受新事物的能力非常强，属于人生中的第一巅峰期，在6岁之后这一能力会持续降低。而这个时期，幼儿通常都是由父母陪伴着，很少会和同龄人形成一个小团体。这个时期，父母应该充分调动孩子进行探索、提问和思考的积极性，从而全面提高早期教育的质量。只有在渐渐长大后，孩子才能摆脱对父母的依赖。

掌控感所带来的幸福
——控制力实验

经验说：老年人需要得到方方面面的照顾，需要为他们安排好一切。

实验说：控制力对一个人来说十分重要，即使老年人也不例外。

控制力对于一个人的心理和行为十分重要，如果一个人丧失了控制力又无法重新获得时，那么他就会变得焦虑、愤怒和沮丧。通常情况下，老年人是一个丧失控制力的群体。艾伦·兰格和朱迪斯·罗丁一直在研究控制力的问题，并且在养老院做了一项实验。

兰格和罗丁选择了一个名叫阿登屋的养老院，这家养老院不仅能够提供高质量的医疗服务、娱乐设施和居住条件，而且规模大又具有现代化设施。在阿登屋养老的老人不仅身心健康状况相似，而且还有相似的社会经济背景。兰格和罗丁随意挑选了两层楼的老人分别进行两种不同的实验。其中，居住在四楼的老人中有 8 名男性，39 名女性，他们需要接受一个责任提升训练。而居住在二楼的老人中有 9 名男性，35 名女性，他们需要保持和往常一样的生活习惯，作为对照组存在。

在实验开始后，兰格和罗丁会分别对两种不同实验条件下的老人做出不同的安排。他们会对接受责任提升训练组的老人说："你们有照顾自己的责任，当然同时也可以决定自己的事情。你们可以决定自己房间的布置，如果你们希望像现在这样，那就保持下去；如果不喜欢，随时可以让工作人员帮助你们重新布置一下。此外，我们还会送给你们每个人一件礼物，这是一个装着许多小植物的盒子。现在，你们需要做出两个决定：第一个决定是你们是否接受这样的礼物？第二个决定是当你们决定接受这件礼物的时候，需要选择一种自己喜欢的植物，这样这个植物就是你们的了，你们有义务照顾好它。最后还有一件事情要通知你们，在周四和周五的晚上我们会播放一场电影，如果你们想看电影的话，可以在这两天内选择一天。"

兰格和罗丁会对对照组的老人说："我们希望你们能在更舒适的房间里生活，事实上我们也做出了这样的安排。我们希望你们能在这里感受到幸福，因为我们的责任就是为你们创造一个家，并且会尽全力从各个方面为你们提供帮助。此外，我们还想利用这个机会送给你们每个人一份小礼物，这是一个装着小植物的盒子，接下来由工作人员发给你们。这些植物从此以后就是你们的了，工作人员会每天帮助你们照顾植物的，你们完全不用操心。最后还有一件事情需要通知你们，那就是下周四或周五我们会播放一场电影，之后我们会通知你们安排在哪一天去观看电影。"

表面上看起来，兰格和罗丁对所有老人传达了同样的信息，实际上是存在着重大的差别的。实验组的老人在接下来的生活中有许多选择的机会，可以自己决定自己的生活方式。但是对照组的老人则没有这种选择的权利，因为他们生活的方方面面都被养老院安排好了。

然后，兰格和罗丁使用问卷调查的方式来了解实验期间老人们的精神状态。当然除了老人之外，养老院的工作人员也需要参与问卷调查，而且这些工作人员都对此项实验一无所知，从而防止工作人员在作评定时出现偏见。统计显示，实验组的老人比对照组的老人明显感觉到了更多的快乐，也更富有活力，这都是选择机会和个人控制力所产生的积极作用。其中，实验组 93% 的被试的情况都朝着积极的方向发展，而对照组只有 21% 被试的情况在朝着积极的方向发展。

除了心理健康之外，兰格和罗丁还从医生那里得到了所有老人的健康评定值，结果发现实验组老人的整体健康水平在上升，而对照组老人的健康水平有轻微下降的趋势。

后来，兰格和罗丁还组织了一次比赛游戏，把主动权交给所有的老人。结果实验组的老人中有 10 位老人主动参与了这项比赛游戏，而对照组却只有 1 位老人主动参与比赛游戏。而且在比赛的过程中，实验组的老人显得更为积极，那位对照组的老人则表现得有些消极。

兰格和罗丁在实验结束后提出了一个批评性的意见。在实验中，实验组的老人获得了控制力，但是实验结束后这种控制力被剥夺了，势必会给实验组的老人带来不良的影响。兰格和罗丁的考虑十分重要。其实，在更早的一项有关老年人的研究中，研究者让老人在采访期间拥有不同程度的自主权，那些拥有高水平自主权的老人渐渐表现得积极起来。但是在研究结束之后，这些老年人由于不再拥有自主权了，衰老的速度反而比那些从未拥有自主权的老年人更快。

不过，兰格和罗丁的实验并没有出现这种严重的后果。因为在实验中，实验组的老年人的控制力与日常生活中的一些事情有关，即使实验结束了，老年人依然可以主动控制自己的日常生活。

温馨提示

个人的力量和控制力对人的成长和生活极其重要。我们可以通过控制力而变得积极起来。但是随着生理的衰老，这种控制力就会消失，这个时候个体已经步入老年期。在许多人的眼中，老年人是需要被照顾的，凡事都应该给他们安排好。事实上，这种做法并不利于老年人的身心健康，所以应该把控制力重新还给老年人。

被迫患上胃溃疡的猴子
——紧张实验

经验说：我们每天都会感到压力和紧张，这是我们生活的一部分。

实验说：持续的紧张情绪会给我们的健康造成损害。

如果一个人长期生活在一个快节奏、高效率、竞争激烈的环境中，那么势必会产生一定的压力和紧张。适度的压力或紧张可以帮助人们解决问题，但是如果压力或紧张过度的话，将不利于问题的解决。而且从生理心理学的角度看，如果一个人长期生活在高强度的紧张状态中，其情绪会变得十分不稳定，如易怒、急躁等，有的甚至会引起大脑神经功能紊乱，给自己的健康带来危害。

科学研究表明，人的胃和十二指肠溃疡主要受到情绪的制约。当一个人被消极的情绪（如愤怒、恐惧或焦虑）所影响时，食欲会减退，与此同时胃壁的蠕动、胃部充血、胃液分泌量和酸度都会有所增加。如果这些反应连续出现的话，那么胃壁就会被胃酸所腐蚀，从而出现溃疡。由此可见，不良情绪对人体健康的影响很大。

关于不良情绪对健康的不利影响，心理学家约瑟夫·布雷迪通过实验进行了证明。在实验中，布雷迪以猴子作为被试。参加实验的有两只猴子，均被关在同一个笼子中。其中一只猴子的四肢被绳子捆住，无法自由活动；另一只猴子则可以自由活动，被布雷迪称为“执行猴”。

然后，布雷迪开始对两只猴子实施电击，每隔20秒给笼子通电一次。在笼子中还有一个特殊的装置，即按压杆。如果猴子想要避免被电击，就必须在实施电击之前按一下按压杆。由于其中一只猴子的四肢被捆住了，所以按压按压杆、避免被电击的任务就落到了执行猴的身上。按照常理，执行猴拥有自主决策权，应该比较健康。

但是，实验结果却是执行猴患上了胃溃疡，那只失去自由的猴子反而健康得很。这是因为，执行猴老是惦记着在20秒快到的时候去按按压杆，所以总是处于一种提心吊胆的紧张状态，这是一种比较沉重的心理负担。相反，那只失去自由的猴子虽然只能听天由命，但是却可以避免让自己的情绪处于紧张之中。

后来，许多研究者开始重复布雷迪的实验。有些研究者在用老鼠做实验的时候，采用警告音调来促使执行鼠采取行动，却发现了一个不同的结果，那就是两只老鼠都患上了胃溃疡，而且执行鼠的胃溃疡要比另一只老鼠轻得多。对于这种现象，研究者解释这是因为警告音调起到了安全保障的作用。

实际上早在布雷迪的实验之前，许多心理学家包括西格蒙德·弗洛伊德就认为，潜在的心理冲突造成了溃疡。后来，很多医师以及外行人都认为，胃溃疡主要是由压力造成的（当然，也不排除不良的饮食习惯和生活方式，如辛辣的食物、胃酸过多和吸烟喝酒都会引起胃溃疡）。可是，这种观点依然被许多科学家所怀疑。因为胃溃疡不仅仅出现在一些工作压力大的中高层主管身上，同时也有许多普通人深受胃溃疡带来的痛苦。因此，科学家们开始怀疑胃溃疡可能是由一种传染性的作用物引起的。

但不可否认的是，压力和不良的情绪的确会给人们的健康带来危害。

大量的动物实验表明，如果中枢神经系统的功能长期处于过度紧张或紊乱的状态，会使癌症发病率提高。当然这只是实验得出的结论，并不表明其一定适用于现实生活中。

但是也有临床数据显示，癌症病人在发病前往往有一个较长的心理矛盾期，被不安全感、压抑愤怒、不满等不良情绪所笼罩。有的癌症病人甚至还有严重的心理创伤体验。

因此我们可以认定，当一个人情绪过分紧张或是受到了严重的心理创伤时，其免疫能力会被抑制，从而引起激素分泌紊乱，导致身体抵制致癌物质作用的能力出现下降，给癌症的发生提供了有利条件。

紧张的情绪之所以会对人体健康造成损害，是因为紧张其实是一种十分强烈的情绪体验，从而会刺激人体的部分生理功能发生变化。关于这一点，已经得到了实验的证实。

在实验中，实验者会突然给被试一个强烈的响声刺激或是让被试进行一项十分紧张的工作，然后观察被试生理记录仪上的各项指标。结果发现，被试的各项生理指标都会发生十分明显的变化，如血管收缩、心率加快、血压升高等。

温馨提示

我们身处的社会是一个高速发展的社会，每个人不可避免地会被紧张的情绪所影响。如果是适度的紧张，则可以促进你更高效地工作或学习。但是，不可以让自己长期处于紧张的状态下，不然一定会给健康带来危害。所以，我们应该让自己的生活和工作变得张弛有度，也就是在无法避免的紧张状态中设法让自己放松下来。

如何远离恐惧
——系统脱敏实验

经验说：焦虑和恐惧的情绪就像心灵的阴影一样无法摆脱。

实验说：我们的焦虑和恐惧可以通过循序渐进的放松与训练过程来克服。

系统脱敏疗法又称为交互抑制法，是一种十分重要的心理治疗手段。第一个提出系统脱敏疗法的人虽然不是约瑟夫·沃尔普，但他是对系统脱敏疗法进行改良并且应用于治疗恐惧和焦虑的第一人。

沃尔普在早期实验研究中发现，动物的恐惧反应可以通过一个简单的条件反射过程而逐渐得到减轻。例如，当一只老鼠看到一张非常逼真的猫的照片时，会变得十分恐惧。但是如果每次在给老鼠呈现这张猫的照片时给予食物，那么老鼠对猫照片的恐惧感将会渐渐减少，直到完全消失。关于这一点，沃尔普专门做过实验。

在实验中，沃尔普将一只猫关进实验室的笼子中，然后对猫实施电击，在电击之前还会伴随着响铃声。经过多次的电击，猫会变得十分焦虑和恐惧，即使没有了响铃声和电击，猫的恐惧和焦虑也不会消失。这个时候，如果沃尔普给猫提供一条鲜美的鱼，猫居然出现了拒绝的行为。然后，沃尔普会把猫从笼子中放出来，同时还会给猫提供新鲜的鱼。但是猫在恐惧、焦虑情绪的影响下，依然拒绝进食。无奈之下，沃尔普只好把猫转移到其他实验室内，也就是与之前环境相似的房间里，同时给猫提供新鲜的鱼，但是猫还是拒绝进食。

接下来的实验，沃尔普开始想办法帮助猫消除之前因为电击所造成的恐惧和焦虑。沃尔普决定利用一种积极的力量，也就是猫对食物的渴望，就算猫再怎么恐惧和焦虑，在饥饿的时候毕竟是要吃东西的。

沃尔普首先把猫带进一个与实验室完全不同的房间里喂鱼。由于环境发生了根本的改变，猫的情绪开始变得稳定起来，虽然有犹豫，但是已经开始进食。

等猫适应了一段时间后，沃尔普决定把实验上升一级，也就是把进食的地方转移到一间与实验室十分相似的房间里。由于环境相似，所以唤起了猫之前所经历的恐惧、焦虑的记忆，猫开始变得焦虑不安。虽然猫踌躇了很久，但最终它还是战胜了自己的恐惧感，开始进食。

在接下来的实验中，沃尔普把进食的地方升级到之前做实验的那间实验室内，但是会远离那个实施电击的笼子。猫重返故地之后，之前遭受伤害的记忆立刻被唤醒，出现了意料之中的焦虑不安的情绪。但是猫依然战胜了这种不良的情绪，开始进食。

后来，沃尔普开始把进食的位置调整到越来越接近笼子的地方，最终甚至转移到笼子里，而猫也一步步战胜了恐惧和焦虑，能够成功完成进食。系统脱敏疗法也是经过这样层层升级的适应性训练，最终完全消除焦虑和恐惧的。只不过在对人的治疗中，抑制焦虑和恐惧的措施不是进食而是深度放松。

在系统脱敏疗法中，放松训练十分关键。之前，许多人认为只有催眠才可以让人完全放松。但是沃尔普发现除了催眠之外，渐进性肌肉放松训练也可以让人完全放松，而且通过这种训练还可以让人随时随地放松。所谓渐进性肌肉放松训练，实际上就是拉紧与放松人的全身肌肉，如双臂、双手、面部、后背、腹部、双腿等。

然后，来访者需要在心理咨询师的指引下进行焦虑或恐惧层次的建立。来访者需要列举十个以上让自己感到恐惧或焦虑的事件，如只要想起考试，就会产生焦虑或恐惧的情绪。接下来，按照不同程度的恐惧与焦虑从低到高进行排列。也就是说，从引起轻微不适的事件开始，然后逐渐增加强度，最后一级事件一定会引起当事人最严重的焦虑或恐惧情绪。

接下来就是系统脱敏的过程，这需要当事人在想象中完成。在心理咨询师的引导下，来访者会进入深度放松的状态，然后心理咨询师会从引起来访者最轻微不适的事件开始描述整个事件的场景。在这个想象的过程中，如果来访者的恐惧或焦虑引起了不适，可以选择举起食指示意，让心理咨询师明白这种想象在你的承受范围之外。那么心理咨询师会暂停，直到来访者完全进入放松的状态中。按照这种方法循序渐进，直到来访者完全克服自身的恐惧和焦虑，再进入下一层次的焦虑事件的脱敏过程。经过这种周而复始的系统脱敏训练，来访者的焦虑和恐惧反应将逐一克服。

温馨提示

沃尔普是一名行为主义者，因此他认为人之所以会恐惧或焦虑，是因为在生活中的某个时间段内通过经典条件反射的过程学会了恐惧，在人的脑海中把某个物体或事件与恐惧或焦虑的情绪联系在了一起。例如，华生利用实验来使阿尔伯特对白色绒毛状的物体充满恐惧。所以想要消除这种恐惧或焦虑，人就必须去面对。

图书在版编目（CIP）数据

心理学实验室：世界上最著名的30个心理学实验 / 李娟娟著 .—北京：中国法制出版社，2020.2

ISBN 978-7-5093-8372-8

Ⅰ . ①心… Ⅱ . ①李… Ⅲ . ①实验心理学 – 通俗读物 Ⅳ . ① B841.4-49

中国版本图书馆 CIP 数据核字（2017）第 073755 号

责任编辑：薛 强（editor_xue@163.com） 封面设计：李 宁

心理学实验室：世界上最著名的 30 个心理学实验

XINLIXUE SHIYANSHI: SHIJIE SHANG ZUI ZHUMING DE 30 GE XINLIXUE SHIYAN

著者 / 李娟娟

经销 / 新华书店

印刷 / 三河市国英印务有限公司

开本 / 710 毫米 ×1000 毫米 16 开 印张 / 12.5 字数 / 166 千

版次 / 2020 年 2 月第 1 版 2020 年 2 月第 1 次印刷

中国法制出版社出版

书号 ISBN 978-7-5093-8372-8 定价：39.80 元

值班电话：010-66026508

北京西单横二条 2 号 邮政编码 100031 传真：010-66031119

网址：http://www.zgfzs.com **编辑部电话：010-66054900**

市场营销部电话：010-66033393 **邮购部电话：010-66033288**

（如有印装质量问题，请与本社印务部联系调换。电话：010-66032926）